도시의 최전선

| 열린 도시 지하공간

이 강 주 지음

시공문화사

친애하는 당신에게,

"정·예은·예람"

敬順

李康周

| 머리글 |

"건축 문명의 새로운 시작은 지하입니다.
최초 인류가 지하를 거처로 삼았듯이 최후 인류
또한 지하에 거주하지 않을까요."

Architecture를 19세기 일본 지식인이 건축建築이라고 번역했다. '세우고 쌓는다'라는 무미건조한 단어로 말이다. 단어의 힘 때문이었는지 지금까지 건축은 세우고 쌓는, 즉 위로만 지향되어왔고, 그러한 의미에서 지하는 건축의 수면 아래에서 건축과 별로 상관없는 것으로, 건축물의 부속 정도로 다루어졌다. 현대로 오면서 땅 위라는 평면적 사고로 복잡다단한 인류의 삶을 지탱할 수 없게 되자, 땅 밑 공간에 대한 관심을 가질 수밖에 없게 되었다. 그리고 이제 우리가 눈으로 확인하듯이, 인류는 지하 없이 살아갈 수가 없다.

마침내 지하에 볕이 든 것이다.

1994년부터 지하와 만났으니 꽤 오랜 시간이 흘렀다. 나는 이 만남을 늘 섭리 또는 운명이라고 생각했고 지금까지 당연한 듯 잘(?) 지내왔다. 물론 틈틈이 다른 연구도 해 왔지만, 학자로서의 내 정체성과 연구의 대부분은 지하가 차지하고 있다.

사반세기 이상의 내 연구를 집대성하고자 이 책을 쓴 것은 아니다. 그러려고 했다면 누구보다도 내가 지독히 재미없어 했을 것이다. 글쓰기 장르에 그러한 구분이 있는지 모르겠지만, 나는 이 글을 전공 수필[아카데믹 에세이]과 같은 형식으로 쓰고자 했다. 평생 논문이라는 딱딱한 글쓰기에 익숙했지만, 어렵게 세상에 내놓는 건축과 도시와 관련된 글이기에 수필의 친근한 모습으로 다가가기를 바랐기 때문이다. 여기에는 한 분야에 오래 몸담은 사람이라면 보통 사람도 이해하도록 자기 것을 설명할 수 있어야 한다는 생각도 작동했다.

처음에는 사진과 그림이 하나도 없는 건축 책을 만들고 싶었다. 건축학교에 들어가면 사진과 그림도 건축의 중요한 언어라고 배우는데 이 말을 처음 들었을 때 꽤 신선하게 다가왔다. 그런데 언젠가부터는 이미지들이 습관적 과잉이 되어 책들을 과체중으로 만드는 것이 아닌가 하는 생각이 들었다. 더구나 세상도 많이 바뀌어 조금만 수고하면 얼마든지 해당 건물의 좋은 이미지들을 접할 수 있게 되었다. 개인적으로는 글로 묘사할 수 없는 대상을 이야기하고 싶지 않았고, 조금 불편하더라도 글을 읽는 분들이 상상력의 즐거움 속으로 들어갔으면 했다.

건축과 도시는 묘한 존재다. 원천적으로 어느 누구도 주장할 수 없는 지구의 사유화가 건축에서 시작되었다. 따라서 건축은 누구에게는 안식과 평안을, 다른 누구에게는 절망과 고통을 주었다. 근대 이후 대도시의 출현으로 이러한 양극화는 더 넓고 깊은 차원으로 강화되어왔다누구는 이것을 '도시의 승리'라고 망발한다. 건축과 도시는 발생 이후 계속, 의식적으로 또한 무의식적으로, 사람들 사이의 경계선을 형성했던 것이다.

이미 고인이 된 타푸리와 르페브르는 이렇게 소수에게 독점된 건축과 도시를 혹독하게 비판했다. 나는 그들의 주장에 동의하면서, 사람에게 닫히며 절망을 세우는 건축과 도시에 대한 실질적인 대안으로 지하공간의 '열림성openness'에 주목했다. 21세기 도시 어버니즘의 고갱이는 바로 이 '열림성'이라고 확신하는데, 이것이 어떻게 발현되고 구현되는지 이 책을 통해 확인하시기를 바란다.

세월이 차 가면서 일종의 사명감이 나를 재촉했다. 이제 그 숙제를 어설프게 마무리하니 그러기를 '잘했다/잘한 건가?'의 마음이 교차한다. 허나, 이 말을 적을 수 있어 위안으로 삼는다.

"인생을 통해 만난 모든 분께
사랑과 감사의 마음을 드립니다."

둘째 임인년, 세상 온 날에 저자

| 추천의 글 |

지하에는 두 가지 다름이 함께한다. 죽음의 안식과 생명의 움틈이다. 뚜렷한 다름이 함께하는 곳이 지하다. 저자는 조화로운 삶을 위해 이 '다름과 함께함'의 어울림에 주목한다. 우리는 땅 밑을 적극 활용하고 있다. 그러나 현재의 그 결과는 슬기로움과는 한참 거리가 멀다. 저자는 이런 점에 문제를 제기하면서 문헌으로 탐구하고 전 세계 사례들을 직접 조사하여 해답을 얻고 있다. 그러기에 그의 제안은 무척 생생하고 또한 깊고 넓어서 좋은 길잡이가 되고 있다. 이런 방대한 작업을 홀로 수행하는 데는 무척 긴 시간이 필요했을 것이다. 끊임없이 연구한 그의 노력으로 우리가 이러한 결실을 즐기게 되니 저자에게 감사할 따름이다.

조창한/ 경희대 명예교수

이순(耳順)의 해에 책을 출간하는 이강주 교수에게 축하의 말을 전한다. 저자와 지하공간 프로젝트를 수행하던 3년간 함께 공부하며 답사 및 조사를 다녔던 내 젊은 시절의 추억을 떠올리며, 프로젝트를 잘 끝낼 수 있는 원동력이 되어주었던 박사과정 학생 이강주의 열정과 성실과 노력에 다시 고마운 마음을 전한다. '열린 지하공간'과 '지하공간의 사회성'에 주목하며 도시의 중요한 공간자원으로 지하를 인식하고, 도시의 공공성에 기여하는 지하공간을 탐구해 온 저자의 오랜 노력의 결과가 이 책에 담겨있다. '전공 수필'이라는, 어찌 보면 자유분방한 것처럼 보이는 형식으로 쓰였지만, 그 안에 녹아있는 세계 여러 나라의 지하공간에 대한 예리한 관찰과 자세한 설명은 건축과 도시, 지하공간에 관심을 가진 독자들에게 큰 도움과 참조가 되리라 확신한다.

심우갑/ 대한건축학회 전 회장, 서울대 명예교수

인류는 오랫동안 지하공간을 이용해 왔다. 지금 이 시점에서 그곳은 우리에게 무엇을 의미할까? 최근 들어 도심 토지 공급이 바닥을 드러내고 도시의 효율성에 문제가 생기면서 근접 입체화를 위해 지하공간을 활용하는 프로젝트들이 주목받기 시작했다. 그 대표적인 사례가 서울 영동대로 지하공간 개발인데, 코엑스와 현대자동차의 신사옥 그리고 잠실 MICE산업 단지를 함께 연결하며 주간선 교통이 연계된 새로운 유형의 이 복합 지하공간이 벌써부터 무척 기대가 된다. 이러한 시점에 저자는 1970년대 지하상가 개발에서 시작된 한국 지하공간의 역사를 필두로 아시아는 물론 구미의 사례를 통해 새로운 혁신 공간으로서 지하공간의 잠재적 가능성을 주목하고, 오랜 기간에 걸친 연구를 정리하였다. 11년의 시차를 두고 연구한 대현프리몰 창원점의 사례에서 보듯 시간의 켜가 누적되어 더욱 그 가치를 발하고 있다. 이 책은 앞으로 도시의 미래를 연구하는 많은 이들에게 새로운 영감을 제공할 것으로 확신하며 저자의 열정과 노력에 깊은 감사를 드린다.

천의영/ 한국건축가협회 회장

고대 로마제국 최대 원형경기장인 콜로세움의 지하공간이 2021년 개방되어 우리에게 건축적 흥미를 일깨우는 계기가 되었다. 검투사 대기소와 맹수 우리로 사용했고, 거대한 수력 기계를 이용하여 경기장에 물을 채우는 것도 가능했다고 하니, 이 엄청난 규모의 지하공간은 콜로세움이 어떻게 기능했는지 잘 이해하게 한다.

이렇게 지하공간은 인류 문명과 함께 변화해 오며, 과거부터 인류의 생존을 위한 필수 공간이자 문화 공간, 쉼터, 의사소통 등 다양한 역할을 해왔다. 앞으로는 문명화 및 도시화가 가속되면서 지하공간의 중요성은 더욱 증가할 것이라 확신한다.

저자는 지하공간이 가지는 의미를 직접 체험하며 연구한 기록들을 통해 독자의 상상력을 자극하고 있는데 그 점이 매우 인상적으로 다가왔다. 열린 도시로서의 지하공간이라는 패러다임 제시는 음침하고 불안함을 느끼는 '지하'라는 공간의 부정적인 고정관념을 타파하는 시발점 역할을 한다. 또한 이 공간을 적극 이용해야 될 건축사들에게는 기존 상상력의 한계를 뛰어 넘는 무한한 건축적 아이디어를 제공하는 계기가 된다.

아무쪼록 기존 지하공간이 우리 시대 "도시의 최후방"이라는 오명으로 얼룩진 편견을 깨고, 책 제목처럼 "도시의 최전선"의 중책을 담당하는 창의적인 공간으로 환골탈태하는 건축적 영감의 단초가 되길 기원한다.

석정훈/ 대한건축사협회 회장

이화여대의 이화캠퍼스복합단지(ECC)는 21세기 건축설계의 새로운 이정표였다. 이 책에서 저자가 주장하듯이, 지하공간은 집의 시작이면서 동시에 도시가 나아가야 하는 방향일 수 있다. 기술의 발달과 생태환경의 보존은 지하의 열린 도시를 논리적으로 요구하고 있는데, 독자의 이미지 상상력을 최소한으로 제한하고 에세이 형식으로 글을 쓴 저자의 시도가 참신하다. 건축과 도시 분야에서 새로운 영역을 탐험하려는 저자의 선도적 도전을 그의 이야기 속에서 즐겨보기를 바란다.

윤재신/ 이화여대 교수

에세이가 좋은 점은 아직 실증되지 않은 논리를 밝힐 수 있다는 점이다. 아무리 빛난 아이디어가 있어도 논문의 형식을 갖추는 순간 뭉툭해지고 오므라든다. 축적과 진보를 위해 불가피하지만, 삶이 언제 도덕책대로만 되던가. 지하에서 탈근대 사회의 도시와 건축이 가야 할 새로운 가능성을 찾아보는 그의 이야기는 매우 흥미롭다.

전봉희/ 서울대 교수

수많은 프로젝트의 건축설계를 해왔고 지금도 현업에 몸담고 있지만 정작 지하공간에 대해서는 깊이 고민해 보지 못했다. 이 책을 만나고서야 그동안 조형 중심의 언어를 통한 외부와의 소통에만 집착하여 건물의 다른 공간인 지하를 소외시켜왔던 것은 아닐까 반문하였다. 저자는 함께 근무했던 젊은 시절의 혜안과 열정을 그대로 간직한 채, 발로 뛰어 수집한 국내외의 많은 자료를 바탕으로 개념에서부터 공간구성, 역사, 법규, 운영, 기술까지 일일이 사례를 통해 새로운 관점과 해결책을 제시하고 있다. 지하공간에 대한 저자의 끊임없는 사색은 외관을 소거하고 공간 그 자체와 이용자의 열린 관계 맺기에 집중함으로써, 건축의 본질에 더 다가가고자 한 노력이라고 생각한다. 이것을 알리려고 고생한 저자에게 깊은 고마움의 마음을 전한다.

손창규/ 삼우종합건축사사무소 대표

건축가들이 지상의 건축물과 공간에 집중한 만큼 과학자들 또한 지상의 과학 현상, 천체, 우주를 연구해왔는데, 점차 지하를 연구하는 전문가들이 늘고 있다. 상업적 가치로 매장 광물을 찾는 기업도 있지만 저자의 글처럼 지하에서 인류 생존의 기록을 찾는 이들도 있다. 그 결과, 지구 평균 영하 50도의 대동결시기에도 지하 어느 곳에서 선조들이 살아남아 오늘 우리가 존재하게 됨이 밝혀졌다. 지하는 이렇듯 생명의 원천이다. 이제 건축 분야도 많은 가능성을 내포한 지하공간 개발에 관심을 높이고 실천적 활동을 해야 할 때, 열린 도시로서 지하공간 개발이라는 방향성과 선례들에 더하여 철학적, 정서적, 기술적 사항까지 연구 정리한 이 책이 너무 반가웠다. 특히, 건축설계 실무에 있는 사람으로서 이 책에 더욱 감사한 것은 의뢰받은 건축물의 지하공간 개발에 대하여 건축주와 인허가 지자체에 어떻게 제안할지 아이디어의 원천들이 제공된다는 것과 공동체의 일원으로서 사회적 책임에 대한 철학적 기초가 제공되고 있다는 것이다.

안대호/ 나우동인건축 대표

Séoul fait partie de ces villes denses et résilientes, de ces villes durables du futur qui ne se bâtiront pas seulement « sur » mais aussi « sous » la ville. Je suis heureux de voir que le thème du dessous qui a marqué mon travail au cours des trois dernières décennies y compris en Corée – avec l'université féminine d'EWHA et le Gangnam International Transit Center – trouve dans ce pays un nouvel écho avec la publication de cet ouvrage.

미래의 지속 가능한 도시는 '위'는 물론 '아래'도 활용할 줄 알아야 하는데, 고밀 도시 서울은 이러한 회복탄력성을 갖고 있다. 한국의 프로젝트들-이화여대 ECC와 영동대로 지하공간-을 포함하여 지난 삼십 년 동안 나의 작업을 특징짓는 "지하"라는 주제가 이 책에서 울려 퍼지니 반갑기 그지없다.

도미니크 페로/ Dominique Perrault Architecture 대표

| 차 례 |

최전선

지하

도시

열림

에필로그

최전선

| 열린 사회 열기 |

"건물은 생존을 기반으로 하지만 건축은 문명을 토대로 한답니다."

'나중 온 이'

아래와 같은 성경 우화에서 나오는 '나중 온 이'는 꼴찌, 즉 사회적 낙오자의 표상이다. 경제학의 가장 기묘한 망상은 사람들의 애정이 사회적 행동 규범과는 전혀 관계가 없고, 없을수록 유리하다는 생각을 널리 퍼트려 온 것이다. 그러나 '나중 온 이'의 비유는 사람이 손익이 아니라 애정과 정의의 균형을 통해 살아가야 한다는 선포이고 손익을 확인하려는 인간의 모든 노력은 헛수고라는 선언이다.

> 하늘나라는 자기 포도밭에서 일할 일꾼을 고용하려고 이른 아침에 집을 나선 어느 포도밭 주인과 같다. 그는 하루에 1데나리우스를 주기로 일꾼들과 합의하고 그들을 포도밭으로 보냈다. 또 아홉 시쯤에 나가서 보니 사람들이 장터에서 빈둥거리며 서 있었다. 그가 그들에게 말하기를 '당신들도 포도밭에 가서 일하시오. 적당한 품삯을 주겠소' 하였다. 그래서 그들이 일을 하러 떠났다. 주인이 다시 열두 시와 오후 세 시쯤에 나가서 그렇게 하였다. 오후 다섯 시쯤에 주인이 또 나가 보니 아직도 빈둥거리고 있는 사람들이

있어서, 그들에게 '왜 당신들은 온종일 이렇게 하는 일 없이 빈둥거리고 있소?' 하고 물었다. 그들은 '아무도 우리에게 일을 시켜주지 않아서 그렇습니다' 하고 대답했다. 그래서 그는 '당신들도 포도밭에 가서 일을 하시오' 하고 말했다. 저녁이 되어 포도밭 주인이 자기 관리인에게 말하기를, '일꾼들을 불러 맨 나중에 온 사람들부터 시작하여 맨 먼저 온 사람들에게까지 품삯을 치르시오' 하였다. 오후 다섯 시쯤부터 일을 한 일꾼들이 와서 1데나리우스씩을 받았다. 그러니 맨 처음에 와서 일을 한 사람들은 은근히 좀 더 받으려니 하고 생각했는데, 그들도 1데나리우스씩을 받았다. 그들은 받고 나서 주인에게 투덜거리며 말하기를, '마지막에 온 이 사람들은 한 시간밖에 일하지 않았는데도 찌는 더위 속에서 온종일 수고한 우리와 똑같이 대우를 하시는군요' 하였다. 그러자 주인이 그들 가운데 한 사람에게 말했다. '친구여, 나는 너를 부당하게 대한 것이 아니다. 너는 나와 1데나리우스로 합의하지 않았느냐. 너의 품삯이나 받아 가지고 돌아가라. 나중에 온 이 사람에게도 너에게 준 것과 똑같이 주는 게 내 뜻이다.

19세기 사상가 존 러스킨은 고용주와 고용인의 올바른 관계 및 서로 간에 최고의 이익은 애정과 정의에 의해서 좌우된다고 하였다. 고용인이 일하는 힘의 원천은 영혼이라는 특수한 힘인데, 이것이 경제학자들이 모르는 사이에 그들의 방정식에 미지수로 들어와 계산 결과를 모조리 헝클어트린다. 고용인은 돈을 많이 받고 압력을 강하게 받는다고 최대 능력으로 일을 하는 것이 아니다. 자신의 의지와 정신이 애정으로 최대의 힘을 발휘하게 될 때, 비로소 최대의 능력을 발휘한다. 따라서 경제학자는 경제학이 정한 동기와 조건을 무시해야만 비로소 가능한 이 애정을 다룰 능력이 없다.

경제학은 불균형과 자기부정을 통해서만 작동하는 자신의 가르침을 따라야 인간은 부자가 될 수 있다고 꾀어 왔다. 내 주머니 속에 있는 돈의 힘은 이웃 주머니 속에 돈이 없다는 사실에 의존한다. 내가 부자가 되는 기술은 필연적으로 이웃을 가난 속에 방치하는 기술이고, 이웃이 자기보다 적게 소유하도록 획책하는 기술이다. 즉, 자신이 유리한 위치를 선점하기 위해 불평등을 극대화하는 기술인데, 부를 통해 인간이 본질적으로 욕심내는 것은 타인에 대한 지배이다. 이러한 지배력은 지배당하는 사람들의 가난에 정비례한다.

세계화, 반세계화, 이상한 불황

산업혁명이 역동적 활동을 보인 19세기 후반 시작된 세계화는 산업화된 국가들의 제국주의 시대로 1차 세계대전을 불러들인다. 곧이어 경제 대공황과 극우 민족주의의 득세로 반세계화가 펼쳐지는데, 이는 2차 세계대전이라는 더 큰 포악함을 가져온다. 1947년 마셜 플랜의 진군나팔 소리로 시작된 두 번째 세계화는 2008년 세계적인 금융위기로 깨지기까지 60년 동안 지속된다. 현재는 명백히 2차 반세계화의 시대인데 그

중심부에 전쟁, 전염병, 인종, 종교, 도덕 등을 포함한 정치와 경제가 자리하고 있다.

코로나 팬데믹이 세계를 들쑤셔놓았던 2020년 초, 미국 기업들의 연쇄 부도 가능성으로 세계 공황으로 가는 것 아니냐는 우려가 들 즈음, 미연방준비제도는 무제한으로 민간기업의 채권을 사들이겠다고 발표한다. 국가가 사기업의 부채에 보증을 서겠다고 나선 것인데, 이로써 투자자들이 마음 놓고 기업에 돈을 빌려줄 수 있게 된다. 미국 기업들은 2020년 상반기 동안 회사채로 8,500억 달러를 빌리는데 이는 전년도 같은 시기의 두 배나 되는 금액이다. 그 결과 코로나로 타격을 받은 다국적 호텔과 항공사들, 더구나 재무상태가 불량한 기업까지도 필요한 자금을 어렵잖게 조달하였다. 기업이 못 갚으면 국가가 갚아주면 된다는 이와 같은 정책은 역사상 초유의 일로 참 이상한 불황이라고 불린다국가가 하면 정책이고 개인이 하면 폰지 사기다.

축출 자본주의

21세기 세계화와 도시, 불평등을 하나의 논리 구조로 엮어낸 사센Saskia Sassen은 축출이라는 말로 자본주의를 경계한다. 국제통화기금과 세계은행이 구조조정 프로그램을 기획, 시행하여 정부와 개인은 빚더미에 앉게 되나 수퍼파워 기업은 엄청난 부를 축적하는 것이 그녀가 설명하는 축출 자본주의이다. 이에 대한 대표적인 사례로 2007년의 서브프라임 모기지 사태를 지목한다. 열다섯 단계의 복잡한 과정으로 태어난 서브프라임 모기지는 서민에게 주택을 공급하기 위한 국가 정책이 어떻게 금융 세계로 편입되어 변질되는지 극명하게 보여주었다. 국가 정책을 금융 탐욕의 도구로 탈바꿈시키기 위해 고급 수학자와 탁월한 변호사, 회계사 등 소위 엘리트들이 동원되었다. 그리하여 거래자들조차 이해하기 힘든 괴물이 등장하고, 이 괴물이 미국에서만 천삼백만 가구 이상의 주택들을 압류해 버린다. 축출 자본주의의 지배에서는 자연, 환경, 사회적 약자, 심지어 중산층까지도 체제 밖으로 축출되고 약탈당한다.

채굴 자본주의

선사시대에는 사냥물이 가치를 가졌을 뿐 그것을 획득하기 위한 수고, 즉 노동은 당연한 것이었다. 그에 반해 자본주의의 핵심 생존력은 가치가 없는 것에 가치를 부여하고 그 가치를 거래할 수 있는 시장을 만드는 능력에 있다. 폴라니Karl Polanyi의 이러한 통찰은 노동, 금융, 인터넷이라는 가상공간을 거쳐 이제는 사람들의 일상적인 자료를 활용하는 인공지능에 이르기까지 새로운 시장이 지속적으로 확대되는 현실을 통해 증명된다. 주보프Shoshana Zuboff는 사이버 공간의 자료를 감시하고 인간의 내면적 가치를 채굴하여 사람들의 경험과 계획을 거래하고 경매하는 인공지능과 4차 산업혁명을 감시 자본주의로 파악한다. 실제로 아일랜드 시민자유위원회는 한 개인의 온라인 활동과 위치 정보가 하루 평균 747회[미국], 376회[유럽] 노출된다고 보고한다. 이러한 세계에서는 거짓이 진실을 덮어버리고 사실과 거짓의 개념이 중요하지 않게 된다. 인류역사상 진실이 가장 강력한 도전을 받는 시대가 찾아온 것이다.

세계평화의 길

우리가 세상에 온 것을 자신이 어찌할 수 없는 배달로 생각해보자. 이렇게 배달된 한 사람 한 사람이 사회를 만들고 연대를 형성한다고 말이다. 따라서 의도되지 않은 배달, 즉 어떤 장소에 가서 볼 필요가 없는 것을 보고 만날 필요가 없는 사람을 만나는 행위가 풍성할수록 열린 환경이 펼쳐진다.

그렇다면 인간은 과연 인간을 좋아할까. 연애하고 아이 키우고 하는데 당연한 일 아니냐고 반문할지 모르겠다. 그렇다면 '가인이 그의 아우 아벨과 들에 있을 때에[아무 이유 없이] 아벨을 쳐 죽이니라'는 장면은 어떻게 이해해야 하나. 사실 인간은 기본적으로 인간을 싫어한다. 그런데도 서로 모이는 이유는 성읍과 탑을 건설하여 우리 이름을 내고 온 지면에 흩어짐을 면하기 위함이다. 헤겔은 이러한 인간의 모습을 미성숙함으로 파악했다. 그래서 인간이 제대로 되기 위해서는 즉자[가족의 일원]가 되고, 대자[시민사회를 통해 타인과 만남]가 되며 마지막으로 즉자이자 대자[더 높은 위상의 공동체 일원]가 되어야 한다고 했다. 헤겔이 말한 더 높은 위상의 공동체는 국가이다. 인간은 국가의 국민이 됨으로써 사회를 만들고 싶어 하지 않았던 미성숙한 자신을 극복할 수 있다는 것이다.

칸트는 인류 평화에 지대한 관심을 가진 철학자로, 1795년에 영원한 세계평화를 위한 3단계를 이렇게 설명했다. 첫 단계는 각 국가가 공화적, 즉 법으로 운영되는 시민 체제를 가지는 것이다. 다음 단계는 자유로운 각 국가의 연합 제도를 바탕으로 국제법을 만드는 것이다. 지금의 유엔이라고 보면 된다. 마지막 단계가 중요한데, 이 단계는 보편적인 우호를 의무로 하는 세계시민법을 구성하는 것이다. 여기에서 의무는 방문권을 의미한다. 방문권이란 지구가 인류의 공동 소유라는 것을 근거로 서로 교제를 제안하는 권리이다. 즉, 영원한 평화는 개인이 국경을 넘어 자유롭게 이동할 수 있을 때 달성된다는 것이다. 사람이 전 세계 어디나 거리낌 없이 '관광'할 수 있을 때가 세계평화의 시기라는 것인데… 아, 얼마나 놀라운 통찰인가!

사랑이라는 과학

뼛속까지 좌파 이론가인 네그리Antonio Negri와 하트Michael Hardt가 사랑 타령?을 했을 때 놀랍고 기뻤다. 그들은 푸코의 정신을 확장하여 삶권력이 사회적 삶의 모든 부분을 관리하고 통제한다고 보았다. 그런데 이러한 삶권력에 대항할 최종 무기로 사랑이라는 새로운 과학을 주장한 것이다. 그들의 주장을 바탕으로 열린 사회를 생각해보자.

열린 사회는 지속적인 만남, 소통, 연결들 내부에서 발전한다. 열린 사회는 다중들의 수많은 교차지점에서, 다중의 생산을 연결하는 수많은 뿌리줄기에서, 그리고 성찰들에서 출현한다. 열린 사회는 공통의 삶을 생산하는 특이성들의 분산된 집합으로 스스로를 새로운 사회적 신체로 조직하는 사회적 살(肉)이고 삶정치를 관통하는 움직임이다.

앞서 경제학을 얘기했지만, 정치 또한 그 오류가 만만치가 않다. 현실 정치는 사랑의 행위인 구성적 힘을 사회적 존재와 관계없는 순수 행동으로, 그저 비합리의 창조성으로, 권력 표현의 모호한 지점으로 간주한다. 하지만 구성적 힘은 노동의 존재론적, 사회적 과정에서 드러나는 의지이자 해방과 자유가 역사에서 승리하도록 옹호하는 힘이다.

근대는 사랑을 엄격하게 개인적인 영역에 가두어 버렸다. 이른바 전 영역에서 사랑의 최대 축소화다. 이제는 사랑에 대한 더 넓고 자유로운 사고와 근대 이전의 전통을 회복할 필요가 있다. 이러한 의미에서 사랑을 정치적 행위로 선포하는 기독교 전통을 주목해 보자. 이 전통에서 사랑은 형이상학적인 내용이 전혀 없고 사람들 사이의 확장된 만남과 협동을 통해 기쁨을 준다. 사람에 대한 신의 사랑과 신에 대한 사람의 사랑 모두 물질적, 정치적 기획 속에서 표현되고 구체화 되고 있다. 공통의 것에 대한 정치기획과 새로운 사회 구축을 위한 유일한 기초가 사랑이기에, 사랑 없이 사람은 아무것도 아니다.

사랑의 기획은 전 지구적 질서가 자신의 권력을 전쟁에 기초하고 그 속에서 합법화함으로써, 모든 민주적 체제를 타락시키는 세상에서는 미련한 것으로 보일 수 있다. 지구의 끝없는 전쟁상태는 세계를 단일 군주 지배 체제로 몰아가고 있고 병든 신체인 지구는 부패와 무질서라는 증상 속에 있다. 우리는 자유로운 삶을 갈망한다. 그러나 매일의 삶 속에서 이러한 크고 작은 모순상황에 직면한다. 이제 논리와 언어로 연대를 강요하고 신념과 욕망으로 타인과 함께하는 시대는 지나갔다. 오히려 다른 사람의 세부적인 삶에 대한 상상의 동일화, 즉 공감'힘든가요?'라고 묻기이 요구되는 시대이다. 오래전 루소는 이것을 연민이라고 했다.

결국, 우리는 지금과 다른 세계가 가능하다는 깃발을 올려야 한다. 크로노스의 선형적 축적이 아닌, 시계들의 단조로운 똑딱거림이 아닌, 과학으로서의 사랑이 카이로스의 결정으로 결단되어야 한다. 사랑의 정치적 행동이 살아 있는 미래 속으로 우리를 화살처럼 쏘아 넣을 것이기에.

| 열린 도시의 리듬 만들기 |

"단조롭고 때로 어렵기까지 합니다.
하지만 오직 걸을 때만 만날 수 있는 인생의 진실이 있답니다."

건축에 대한 사망 선고

철학자이며 사회학자인 앙리 르페브르Henri Lefèbvre, 1901~1991는 그의 마지막 책 '리듬 분석'에서 아래와 같은 도시와 건축에 대한 사망 선고를 실었다.

> 상품이 모든 것을 휩쓸어 버린다. 공간과 시간은 교환에 지배당한다. 시간과 공간의 리듬들이 생산물 속으로 들어가는 것이다. 자본은 도시를 죽임으로써 스스로의 근거를 파괴한다. 자본은 창조를 말살하며 급기야는 최후의 원천인 자연마저 위협한다. 자본은 공동체의 부를 파괴하고 개인의 부를 생산한다. 정원, 광장과 큰길, 공개된 기념물 등을 포함하는 공동체의 부는 지난 시대로부터 내려오는 것이다. 그러나 현실은 어떤 종류의 상품도 팔 수 있도록 빈 틀만 만들어질 뿐이다. 이제 건축은 사라졌고 건축가는 돈줄을 쥔 개발업자에게 굴복하는 일만 남았다.

한겨울에 찬물을 뒤집어쓴다는 느낌이 이런 것일까…. 그런데 그의 사망 선고에서 한 줄기의 가능성도 발견된다. 그가 공동체의 부라고 가리켰던 정원, 광장, 큰길 등 '공공의 땅'에서 말이다. 그는 건축전문가가 아니었기에 공공의 땅을 지상의 것으로만 이해했을 것이다. 그렇다면 공공의 땅, 그 밑 공간을 공동체의 부로 창출하는 아이디어는 어떠할까. 이 대목에서 특히 큰길을 주목할 필요가 있는데, 국내 대도시들의 도로율은 20퍼센트가 넘기 때문이다. 자동차가 주로 사용하는 도로라는 공공의 땅 중에서, 정말 신중하게 선별하여 큰길 한 곳에 이 아이디어를 풀어내 보자.

르페브르의 리듬

리듬하면 뭔가 즐거운 느낌이다. 어려운 것 같지 않은 이 리듬을 르페브르는 왜 주목하는가. 더 나아가 그는 리듬을 분석하는 하나의 과학, 새로운 지식의 영역을 세운다는 포부까지 갖는다. 그의 포부는 환경, 특히 도시를 바라보는 새로운 관점을 찾는 것이었다. 그에게 리듬은 이러한 노력을 위한 매개체다. 그는 리듬의 분석을 통해 일상생활의 구조와 질서를 이해한다. 일상생활에서 나타나는 각각의 리듬을 분리함으로써 무엇이 본질적인 것인지, 또한 무엇이 관습적이고 나중에 덧붙여진 것인지를 구분하고자 한다.

리듬은 시간과 공간 속에서의 반복이다. 그러나 무한한 절대적인 반복은 존재하지 않으며 항상 예상하지 못한 새로운 것이 들어오게 되는데, 이것이 차이이다. 반복 속에서 차이가 나타나고 심지어 반복은 차이를 낳는다. 반복은 순환적인 것과 선형적인 것이 있다. 순환적인 반복은 낮과 밤, 계절과 같이 우주와 자연에서 비롯된다. 선형적인 반복은 사회적 실천, 즉 인간의 활동으로부터 나온다. 순환 리듬은 고유한 주기로 시작과 끝을 반복하고, 선형 리듬은 주어진 틀에 따라 행위와 동작으로 반복된다. 순환과 선형의 상호작용은 타협과 충돌을 야기하지만, 결국 선형 반복은 순환 반복이 된다. 이러한 과정에서 일반성, 즉 의미와 적용이 얻어진다.

리듬은 세 개로 분류할 수 있다. 먼저, 여러 리듬. 일상생활을 통해 개인에게 통상적으로 나타나는 리듬이다. 다음은 조화 리듬. 정상적인 일상성 속에서 리듬들이 건강하게 결합되는 것을 의미한다. 마지막으로 부정 리듬. 이는 리듬들 사이의 조화가 깨져서 치명적인 무질서를 분출하는 것이다. 그렇다면 인간은 어떠한 리듬들로 그 일상성을 유지한다고 볼 수 있을까. 우리는 모두 고유 리듬을 갖는다. 이는 추억, 기억과 같은 심리적이면서 생리적인 리듬이다. 또한, 우리에게는 각종 기념과 축제와 같은 사회 리듬도 있다. 아쉽지만 가상 리듬도 갖게 되는데, 이는 후천적으로 획득한 유창함, 우아함, 제스처, 학습 등의 가짜 비밀, 거짓 은폐와 관련된다. 또한, 완전히 가공된 것이면서 영구적인 효과를 노리는 지배자-피지배자 리듬도 우리에 깊이 관여한다.

이제 르페브르가 리듬을 분석한 이유의 어렴풋한 윤곽이

떠오른다. 사람은 여러 리듬을 통해 살아가는데, 이러한 리듬들이 잘 조화될 때 행복한 존재가 된다. 여러 리듬의 핵심은 개인의 고유한 리듬과 그가 속한 공동체가 발현하는 사회 리듬이다. 그러나 이러한 리듬들을 대적하는 것들이 있으니, 개인에게는 허영심이 그 속성인 가상 리듬이요, 사회에서는 모든 권력 관계로부터 나오는 지배자-피지배자 리듬이다. 사람의 존재를 힘들게 하는 부정 리듬은 고유 리듬과 사회 리듬이 가상 리듬과 지배자-피지배자 리듬에 함몰될 때 기승을 부린다.

역사적 사건을 통해 본 리듬

여기서 잠시, 리듬을 실제적으로 이해하기 위해 역사를 하나 들여다보자. 때는 기원전 16세기경, 무대는 이집트다. 기원전 21세기 무렵에 그 일대를 휩쓴 심각한 기근을 피해 이집트의 동북쪽 구석으로 흘러들어왔던 70명의 히브리 사람들이 당시에는 장정만 60만 명으로 불어나 있었다고유 리듬. 그 땅에 430년 동안 살았으면서도 자신들의 정체성을 잃지 않고 그렇게 큰 집단이 되었으니, 당연히 지배자 입장에서는 상당한 정치적인 압박을 느꼈을 것이다. 하여, 이집트의 절대군주 파라오는 철저하고 가혹한 인종차별 정책을 쓴다지배자-피지배자 리듬. 모진 학대 속에서 히브리 사람들이 할 수 있었던 것은 탄식과 부르짖음뿐이었다사회 리듬과 가상 리듬. 그때 모세라는 지도자가 나타나 파라오에게 자기 민족을 이집트에서 나가게 해 달라고 요구한다. 파라오는 가당치 않게 여기며 더욱 모진 지배자-피지배자 리듬을 진행시켰다. 그때부터 이집트는 어찌할 수 없는 재앙들을 맞이하고, 결국 엑소더스가 일어난다[새로운 리듬]. 역사는 고유 리듬, 가상 리듬, 사회 리듬 및 지배자-피지배자 리듬으로 엮어진다. 르페브르의 리듬 분석이 헤겔의 변증법보다 생동감 있고 유려한 이유이다. 이러한 리듬들은 역사의 일상성을 잘 설명하지만, 그것들만으로는 그저 꽉 막힌 현실을 설명할 뿐이다. 크고 작은 역사의 불가해한 지평은 '새로운 리듬'이 일어날 때 열린다.

종로 언더그라운드 제안

건축설계는 생각과 상상을 물리적인 무엇으로 실체화하는 작업이다. 따라서 그것은 구체적인 수단을 필요로 한다. 건축은 눈으로 보는 음악이라고도 했으니, 음악에서의 대비되는 쌍들을 통해 구체적인 수단을 찾을 수 있을 것이다. 르페브르는 음악에서의 이런 대비를 저음/고음, 비바체/아다지오, 음들의 수직적인 배열/음들의 연이은 배치, 연결음/스타카토, 로고제닉[의미]/파토제닉[감정], 그리고 코드화된 음악[성]/춤 속의 음악[속] 등으로 논하였다. 이러한 대비 개념들을 구축적으로 변환하여, '공간의 깊음/얕음, 흐름의 빠름/늦음, 수직의 공간조직/수평의 공간조직, 연결 공간/독립 공간, 의미 공간/감성 공간, 조직된 공간/즉흥적 공간' 등으로 적용하는 것이 가능할 것이다.

아이디어의 대상지는 종로이다. 따라서 '종로 언더그라운드'라 이름을 붙이자. 대상지 주변은 최고의 상징성과 다양성을 지닌 서울의 중심지역으로서, 천혜의 자연환경과 많은 역사문화자원이 있다. 이러한 이유들로 인하여, 서울에서 관광객이 가장 많이 찾는 10대 명소 중 광화문, 시청 주변, 인사동, 청계천·종로 등이 대상지 주변에 있다. 종로 언더그라운드는 지하철 종각역을 중심으로, 서쪽으로 광화문광장의 지하 해치 광장, 동쪽으로 기존 종각 지하상가를 포함하는 범위, 북쪽으로 청진지구 지하보도 시설이 계획 중인 지점, 남쪽으로 청계천 경계까지를 아우른다. 길이는 동서종로 방향로 828미터, 남북우정국로 방향으로 335미터이고 너비는 지상의 도로 폭 만큼이며 깊이는 최대 15미터다.

종로 언더그라운드를 만드는 목적은 메트로폴리스 서울에 '현전presence'을 구축하기 위함이다. 현전은 대화, 시간의 사용, 말과 행위를 수반하는 것으로 바로 여기에 있는 실재다. 반면에, 현재는 저기에 있다. 그것은 생산물과 시뮬라크르에 의한 이동과 교환의 수용이다. 현재는 거래의 결과인 반면, 현전은 세계 내 가치와 관계한다.

현전 구축의 기본 전제는 상업과 미디어의 배제다. 상업의 배제는 자본이 인간 소외의 주범이라는 기본적인 인식 외에 두 가지 점을 더 고려한 결과다. 첫째는 지하공공보도시설이라는 프로젝트의 법적인 지위로, 이에 따르면 종로 언더그라운드는 공공의 도로 하부에 조성되는 도시계획시설로 다루는 것이 마땅하다. 상가를 잔뜩 집어넣고 이를 시민을 위한 것이라고 강변하는 못된 습속을 이제는 버리자. 둘째는 프로젝트에 대한 개략적인 수지분석 내용이다. 대상지 주변의 보증금과 임대료 시세를 조사한 자료를 바탕으로 연면적 대비 최대 30퍼센트를 임대하는 것으로 가정하여 계산을 해 보았는데, 개발 원금의 회수 시점이 최소 25년에서 45년은 지나야 되는 것으로 나타났다. 수익의 관점에서 개발의 프레임을 짜면 종로 언더그라운드는 탄생할 수 없는 것이다이러한 관점에서 싱가포르의 정책은 놀랍다. 한편, 세계적인 정보통신 강국인 대한민국의 수도 서울에서 미디어의 배제, 즉 인터넷 블랙홀을 두는 것은 대화를 복원하고 능동적인 주체를 지향하기 위함이다. 동시에 타자와 감각적인 것을 요란하게 선전하는 미디어에 대한 침묵 선언이기도 하고... 이제 상상의 나래를 활짝 펴고 종로 언더그라운드 속으로 들어가보도록 하자.

역사광장과 문서고

세종대로 사거리는 대한민국에서 상징성이 가장 높은 거리이다. 그 지하에 지상의 광화문광장과 대응하는 역사광장을 계획하고 역사광장 밑에는 대한민국 문서고를 설치한다. 기능적으로는 역사광장이, 의미적으로는 문서고가 중요하다. 문서고는 대한민국의 정신적인 보고로서, 조선시대까지 간행된 모든 고서들을 한글과 영문으로 소장한다. 그동안 상아탑 속에 모셔져 있던 선조들의 지혜를 가장 상징적인 중심지에 풀어놓아, 모든 사람이 우리 역사의 진면목과 마주하게 한다. 이미 훌륭하게 만들어져 있는 인왕산-경복궁-광화문광장이라는 지상의 수평축에 역사광장-문서고라는 수직축을 결합하면 수평과 수직의 새로운 3차원 축이 만들어질 것이다. 역사광장은 종로 언더그라운드를 들어오고 나가는 중심광장의 역할을 할 것인데, 이곳은 낮고 전반적으로 빠른 흐름과 즉흥성이 지배하는 공간이다. 수평적인 연결이 주로 일어나지만, 문서고로 연결되는 수직의 동선 또한 중요하다. 상부가 개방되어 있고 장대한 계단으로 역사광장과 연결되는 문서고는 깊은 독립성의 공간이고 조용하고 늦은 흐름이 지배할 것이다.

중심 가로와 만남의 거리

종로를 오가는 사람들이 존중받는다고 느낄 수 있게, 방해 없이 쾌적하고 신나게 보행권을 회복하자. 자본은 인간 삶의 모든 행위에 돈을 지불하도록 고안한다. 여기에 너무 익숙해진 소시민은 만남과 대화로부터 점차 소외를 당하는데 이른바 사회적 부정 리듬의 작동이다. 중심가로에 활발한 만남과 대화의 장을 마련하여 조화 리듬을 구축하자. 중심가로와 만남의 거리는 지하대로와 회합실 그리고 실내정원이라는 세 개의 띠layer로 구성된다. 낮고, 넓게 형성되는 지하대로는 지상의 광화문광장과 인사동을 원활하게 연결하는 보행의 강력한 순환 리듬을 생성할 것이다. 지상과 연결되는 에스컬레이터와 그 상부에 설치되는 천창들은 자칫 위축되고 무겁게 내려앉을 수 있는 내부에 색다른 분위기를 제공한다. 또한, 대상지 북측의 청진구역 도시환경정비사업에 조성되는 지하 보행 네트워크를 이곳에 접속시켜 연결도와 다리듬성을 확대하자. 청진구역 지하 보행 네트워크와 직각으로 만나는 지하대로 접속부는 위아래가 개방된 수공간이 있는 마당으로 만들어, 독립적인 성격의 연결성을 구현하면서 구역의 활력소로 활용한다. 실내정원은 지하대로 북측으로 길게 조성된다. 수목은 공간에 풍부한 감성과 색다른 보행환경을 제공하고, 이로 인하여 즉흥적인 휴식 활동도 나타날 수 있다. 한편, 지하대로 남쪽에 계획되는 만남의 거리는 이곳을 찾는 내외국인들이 무료로 회합을 가질 수 있는 공간이다. 투명한 벽들을 통해 보이는 내부는 만남과 대화라는 삶의 가치를 이 거리의 풍경으로 만든다. 동시에 만남의 희망을 보여준다.

시민광장과 예술 홀

세종대로 사거리 밑의 역사광장과 종로1가 사거리 밑의 시민광장은 종로 언더그라운드에서 강력하고 다양한 리듬들을 끊임없이 생성하는 양 날개이다. 시민광장 하부는 리듬을 우리 몸과 관련하여 실체화하는 예술인 음악과 미술을 위한 공간으로 조성한다. 이 두 예술은 사시사철 다양한 음색으로, 빠른 시간, 느린 시간, 홈이 패인 시간, 매끄러운 시간으로 종로 언더그라운드를 채색할 것이다. 시민광장은 사방 및 아래위로 형성되는 보행자의 흐름, 주변의 다양한 기능들의 중합,

예기치 못한 활동들의 범람 등으로 전통의 난장을 우리 시대에 구현한다. 광장은 보행과 활동의 이러한 리듬만으로도 독특한 장소적 가치를 가지겠지만, 대형 원형 천창을 통해 들어오는 햇빛은 이러한 감흥을 공간적으로 더욱 극대화한다. 시민광장의 물리적인 기본속성은 낮고 빠르며, 수평적이고 즉흥적이다. 한편, 광장의 형상은 그대로 하부의 기존 지하철 승강장까지 내려가서 승강장 남북측으로 예술 공간을 새롭게 형성한다. 남측은 음악마당이고 북측은 갤러리인데, 둘 다 격식 없는 활동이 일어나는 곳이다. 공간은 비교적 깊고, 늦으며, 수평적이고, 독립적이다. 음악마당은 공동체 홀의 식당과 연계되어 필요에 따라 가변적인 운영이 가능하다.

공동체 홀과 음료점

공동체 홀은 보여주고 싶은 자아와 보여주고 싶지 않은 자아가 만나는 곳이다. 전자는 보살피고 대접해주는 선한 사마리아인의 모습이다. 그러한 보살핌과 대접을 받아 서먹한 자존심이 드는 자아는 보여주고 싶지 않은 모습이다. 공동체 홀은 삶의 모습을 교감하는 진실의 장소로서 건축이 세워 왔던 절망이 추방되는 곳이다. 이곳은 시민광장을 중심으로 남북으로 조성된다. 남쪽은 청계천 방향이고 북쪽은 인사동과 연결된다. 상대적으로 사람들의 이동이 적은 남쪽에 공동체 식당이 들어선다. 식당은 공공의 기획과 민간의 자발적인 참여로 관광객 및 시민 모두가 이용할 수 있도록 고안한다. 식당은 먹는 곳 못지않게 기다리는 곳이 중요하다. 따라서 기다림과 먹는 행위 속에 예기치 않은 만남이 일어나도록 배려하여 기다림의 행렬을 구축하자. 미리 만들어진 음식과 남겨진 음식은 지하철로 옮겨지므로, 식당에는 주방이 필요 없는 대신 지하철 승강장 레벨에서 바로 연결되도록 한다. 이는 연접하고 있는 음악마당을 통해 해결된다.

한편, 인사동으로의 활발한 움직임이 예상되는 북쪽에는 제비뽑기로 선정된 자영업자들이 일정 기간 만 운영하는 협동적 소비의 음료점들을 계획한다. 공동체 홀에서의 식사와 음료는 대가를 지불해야 하지만, 그것은 자존감을 지키는 최소한의 범위에서다. 식당은 깊은 공간이고, 사람들의 이동은 천천히 흘러가며, 수직적인 움직임이 중요하고 독립된 영역으로 조성된다. 이곳의 깊고 높은 공간은 공동체성의 경험을 더욱 강화하는데, 이러한 공간적인 특성으로 인하여 의도된 프로그램 이외에도 다양한 활동과의 만남이 가능하다. 음료점은 얕은 공간이고 빠른 동선이 일어나며, 수평적인 움직임이 중요하고 주변으로 연결되는 영역 속에 감성적이고 즉흥적인 느낌으로 조성된다.

종로 마당

기존의 종각 지하쇼핑센터는 모두 철거하고, 그 빈 터에 종로 마당을 조성한다. 1979년 12월 개장한 지하쇼핑센터는 도시의 일상이 자본과 권력에 의해 조련된다는 것을 보여주는 전형이다. 따라서 상업 아케이드를 딛고 일어선 종로마당은 그 자체로 소중하다. 마당 바닥에는 아픔의 기억으로 상가의 흔적을 새기자. 지상의 광화문광장은 국내외 많은 사람들이 찾는 곳이면서 동시에 각종 축제, 캠페인, 모임, 촬영, 공연 등이 일어나는 장소이다. 종로 마당은 광화문광장과 위치와 크기도 다르지만, '지상 광화문광장, 지하 종로마당'의 상징성을 만들어 나가며 수많은 도시의 리듬들이 담길 것이다. 상부에 조성된 천창으로 햇빛이 들어오는 종로 마당은 예측되지 않는 활동이 일어나는 곳이다. 이곳의 기본적인 속성은 얕은 공간에서 서로 연결하는 수평의 흐름이지만, 빠름과 늦음, 의미와 감성, 조직과 즉흥 등의 대조적인 리듬들이 모두 나타날 것이다.

천창과 주차장

종로 언더그라운드에서 천창의 설치는 필수적인데, 문제는 방법이다. 이에 버스전용중앙차로라는 공공적 수법을 활용하여 해결하는 것을 제안한다. 즉, 종각역을 중심으로 동쪽과 서쪽에 각각 250미터 길이로 버스전용중앙차로 정류장 시설을 만들고, 이곳에 폭 3.75~5.25 미터, 길이 30미터인 천창 시설을 네 군데 설치하는 것이다. 아울러 이 정류장 시설에서 종로 언더그라운드로 직접 오르락내리락할 수 있는 에스컬레이터를 설치하고, 조경과 어우러진 환기탑도 함께 조성한다. 물

론, 종각역이 위치한 종로1가 사거리에도 기존의 시설녹지대를 활용하여 네 곳에 천창을 만들 수 있다. 한편, 종로 언더그라운드에는 상업 용도가 없어 주차에 대한 수요가 크지는 않지만, 법적으로는 부설주차장을 설치해야 한다. 그러나 대상지와 연접하여 청진구역 도시환경정비사업으로 조성된 1,300대 이상의 지하주차장을 비롯한 주변 건물들의 지하주차장이 평일 야간시간과 주말 및 공휴일에 그 사용성이 현저히 떨어지는 것을 고려할 때, 이들 주차장을 협정을 통해 공유하는 것이 더 바람직할 것이다.

현전

자본을 제일로 여기는 개인과 사회의 속성은 경멸감과 가혹함이다. 이에 맞서 건축과 도시는 '열림성'의 현전을 추구하며 나아가야 할 것이다. 열린 도시에서 공공은 매우 중요하고, 동시에 행정을 포함한 공공의 존재 의의도 그러한 역할에서 찾아야 한다.

| 지하, 인간에게 오다 |

"바람이 나무를 기울게 한 것이 아닙니다.
나무는 빛의 호소에 대답한 것입니다." _정세랑(2021)

지하를 대하는 사람들의 반응은 편차가 크다. 영화 매트릭스의 시온Zion처럼 인류가 구원받을 수 있는 최후 보루의 미래 공간이라고 주장하는 쪽이 있는 반면, 무덤의 이미지를 떠올리며 인상부터 찌푸리는 사람까지 말이다.

근대 이후 인간의 세계는 기술이 이끌어가고 있다. 그렇다면 이러한 세상의 심리적이고 사회적인 의미는 무엇일까? 이것은 우리 삶에 대한 실존적인 질문이다. 기술 주도의 세계가 시작되기 훨씬 이전부터 환경을 고치는 행위는 늘 있었다. 다랭이논, 밀감밭, 저수지 등은 인간 활동이 깊숙이 개입된 자연이다. 산업혁명은 인공성의 정도를 급격하게 증가시켰고 땅보다는 기술에 묶이기로 내린 그 결정은 인간에게 심각한 정신적 위기를 가져왔다. 이러한 정신적인 위기는 기쁨과 슬픔의 증상으로 나타났는데, 조증은 기술이 제공하는 편리한 환경에 대한 찬미이었고 울증은 자연경관이 그 의미를 상실한 것에 대한 애도, 걱정, 분노이었다.

명백히, 지하는 근대의 산물이다. 이 시기 지하는 자연이 추방된 인공 환경, 극단적인 기술 환경으로 등장한 것이다. 그렇다면 그것이 근대에 등장한 이유는 무엇이고, 어떠한 방식으로 역사의 전면에 나타나게 되었는지 살펴보자.

상상력

근대가 시작되는 1750년 전후, 지하는 인간의 상상 속에서 움직이기 시작하였다. 그것은 바로 문학이었는데, 덴마크 작가 홀베르의 '닐스 클림의 지하 여행1741'과 영국 작가 벡포드의 '바테크1787'에서는 지구 안에 있는 지하 세계와 지옥 이야기를 통해 방문지로서의 지하를 묘사하였다. 이 작품들은 자연의 주된 축이 하늘과 땅과 지하이고, 이러한 수직축이 중요한 의미를 지닌다는 의식구조를 표현하고 있다.

19세기로 넘어오면서 지하 이야기는 다른 형태로 나타난다. 지하 세계가 방문하는 곳이 되기보다는 사는 곳이 되고 우연히 발견되기보다는 세심한 선택을 통해 건설되는 것이다. 과학소설 분야의 개척자인 프랑스 작가 쥘 베른의 '지구 중심으로의 여행1864'과 '흑인도 제도1877'가 그 대표적인 작품들인데, 지구 표면 밑에서 영원히 산다는 이러한 아이디어는 근대과학 및 기술의 급속한 발전과 함께 등장했다.

진리가 드러나는 곳

현실 세계에서의 지하는 수직 또는 수평의 굴착을 통해 만들어지는 공간이다. 멀쩡한 땅을 파기 위해서는 그에 합당한 사유가 있어야 한다. 그리고 그 이유가 사상적 기반과 문화적 맥락을 세우는 것이라면 굴착의 정당성은 더욱 탄력을 받게 된다. 지하는 이러한 명분을 가지고 역사 무대에 화려하게 등장하는데, 소위 '진리를 발견하는 행위인 땅파기와 진리가 발견되는 장소인 지하'의 이미지가 바로 그것이다.

지질학, 고생물학, 인류학, 고고학과 같은 19세기의 역사과학들은 모두 동일한 원천에 기반을 두고 있다. 바로 이들이 찾고자 한 진리들이 묻혀있는 지하이다. 당시 지하에서 찾은 진리는 잃어버린 시간의 비밀에 대한 답이었다. 학자들은 이것을 깊은 시간deep time이라고 불렀는데, 지질학 최대의 기여를 이 깊은 시간의 발견으로 본다. 깊은 시간을 발견하려는 노력은 두 가지 방향으로 진행되었다. 하나는 인간의 기원을 탐구하는 과학적 고고학으로 1857년 네안데르탈인 화석의 발견이 이에 해당한다. 다른 하나는 감추어졌던 문명을 발굴하는 인간적 고고학인데, 1861년 앙코르와트의 발견은 신비한 상상의 세계로 안내하였다. 19세기에 땅을 파는 행위는 지적인 탐구이자 고대 신화와의 만남으로 비추어졌던 것이다.

오랫동안 지구는 질서 있고 친절하며 사람들의 필요를 공급해주는 어머니 지구Mother Earth의 이미지를 가지고 있었다. 이러한 관점에서는 지구가 성스러운 존재였으므로 광산의 채굴은 지구를 훼손하고 아프게 하는 행위로 인식되었다. 따라서 사람들은 채굴 행위 시 반드시 종교적인 의식을 거행하였다. 13세기부터 채굴이 시작된 폴란드의 비엘리치카 소금 광산Wieliczka Salt Mine을 방문하였을 때 이러한 사실을 쉽게 확인할 수 있었다. 열악하였을 환경 그 깊은 곳에 소금으로 정성스럽게 만든 성 안토니에고 예배당1698이 있었던 것이다.

지구에 대한 이러한 윤리적 또는 종교적인 제약은 당연히 광산업을 위축시켰다. 채굴이 죄책감 없이 본격적으로 시행되기 위해서는 제약들이 없어져야 했다. 즉, 산업혁명의 가열한 진행을 위해서는 자연을 지배하는 새로운 사회 이미지가 필요했던 것이다. 베이컨Francis Bacon, 1561~1626은 이러한 과정에 철학적 기반을 가장 잘 제공한 사람이다. 그는 진리가 스콜라 철학과 같은 사색이 아니라 자연 지식의 탐구를 통한 행동에 의해 발견되며, 감추어진 비밀을 캐내기 위해서는 광명천지에서 동굴로 내려가야 한다고 주장했다. 진리는 파는 것에 의해 발견되고 깊게 팔수록 진리에 가까이 갈 수 있다는 그의 확신은 채굴을 지적인 활동의 모델로 승격시키기에 안성맞춤이었다.

근대생활

영국 작가 웰스는 소설 '타임머신1895'에서 근대도시의 지하 이용을 다음과 같이 표현했다.

문명의 불가피한 목적으로 지하공간이 활용되고 있다. 새로운 전기 지하철도인 런던도시철도가 그 예인데, 지하역에는 사무실과 식당들도 있다. 확신컨대, 이러한 경향은 점차 증가할 것이다.

도시사회학자인 멈포드Lewis Mumford, 1895~1990는 아예 산업혁명 이후의 도시의 본질을 광산의 전 생활적인 확장으로 본다. 18세기 말에서 20세기 초까지 유럽은 새로운 사회의 기초를 놓기 위해 땅을 팠다. 이러한 과정에서 지하의 역할은 시각적으로 드러나지 않고 하부에서 격자와 네트워크를 구성하였기 때문에 종종 간과되었다. 하지만, 채굴은 산업자본주의의 출현에 결정적인 통로이었고 실제적인 기술은 물론 근대 산업정신의 토대로 작용하였다. 근대의 산업 및 도시 생활은 지하를 통해 성취된 것이다.

제1기계시대

지하 프로젝트가 근대에 번성하게 된 것은 건축 재료와 에너지원의 근본적인 변화 때문이다. 나무, 돌, 벽돌의 건축 재료가 철과 유리로, 바람과 물의 에너지원이 석탄으로 바뀐 것이다. 따라서 산업혁명의 획기적인 발명품은 지하에서 나왔다. 최초의 증기기관은 지하 광산의 배수를 위해 발명되었고 최초의 증기기관차도 광산의 석탄 운반을 위해 탄생했다.

18세기 이후 근대 산업의 기반은 철도망의 구축에서 이루어진다. 1830년대의 철도 건설은 소위 교통 터널의 영웅시대를 열었다. 철도가 더 이상 광산의 부속물이 아니라 주요한 교통수단으로 발전하면서 대규모 터널들이 필요했던 것이다. 철도는 직선과 수평선을 추구하므로 자연경관은 기하학의 선들로 변형되었다. 영웅적인 물질주의의 표현인 이러한 프로젝트를 통해 중상류층 사람들 또한 지하를 경험하였다. 당연히, 철도망의 확산은 사고의 폭증으로 이어지고 기술의 발전과 함께 재난도 계층과 상관없이 발생했으므로, 기술이 진보함에 따라 인간의 희생도 불가피하다는 관념이 자연스럽게 등장하였다.

제2기계시대

제1기계시대가 제련과 방직으로 대표되는 생산 기계의 시대라면, 제2기계시대는 소비재로 대표되는 생활의 시대이다. 그 결과 일상생활과 관련된 모든 품목들과 활동들에 동시다발적인 변화가 일어났다. 제1기계시대는 철도교통시스템으로 자연에 큰 영향을 주었고 제2기계시대는 상하수도, 전기, 전화 등 매설된 시스템으로 도시를 크게 변화시켰다. 이제 도시는 공동체라는 전통적인 가치보다 잘 돌아가는 기능이 더 중요한 가치가 되었다. 그 결과 네트워크 도시가 탄생한 것이다.

지하에서 가장 기념비적인 프로젝트인 지하철의 탄생도 이 시기에 나타났다. 1863년 런던을 시작으로 부다페스트1896년, 빈1898년, 파리1900년, 뉴욕1904년 등의 도시에서 연이어 지하철을 운행하였다. 매일의 일상에서 지하철 공사 현장과 만나는 경험이 일반인들의 기술적, 사회적 의식 형성에 큰 영향을 주었다. 그 결과 지하 프로젝트가 그 전 시대에 비해 덜 위험하면서 편리함과 깨끗함을 가져다주는 필수품으로 인식되었다.

기반시설의 설치는 지하가 이제는 일상생활의 일부가 되고 굴착이 산골에서 도시의 심장부로 나왔다는 것을 의미하였다. 18세기 중반 이후 땅을 파는 것은 유럽 대도시에서 친숙한 광경이자 노동의 일반적인 이미지였고, 공사로 파헤쳐진 흙들은 발전하는 사회의 새로운 상징이었다. 이러한 측면에서 굴착은 구시대가 저물고 새 시대가 열리는 문명의 상징이었다.

어버니즘

자연에 대한 기술의 승리는 20세기에 접어들면서 더욱 심화되었다. 지하개발에 대한 관심 또한 넓고 깊어졌는데, 산업사회의 과밀과 혼잡 문제를 해결하고 어떻게 하면 인간 삶을 풍요롭게 유지할 것인가에 대한 고민이 일단의 계획가들에게 지하로 집중하게 했다. 1933년 지하어버니즘연구회를 설립한 프랑스 건축가 위투지안Édouard Utudjian은 극한의 기후에 대한 대비로 지하 거주지를, 도시에 대한 거주성 확보로 지하어버니즘을 제안하였다. 도시가 살만한 곳이 되기 위해서는 지하를 포함한 3차원적 접근이 필요하다는 주장이 지하어버니즘이라는 이름으로 등장한 것이다.

1974년 비르커츠Gunnar Birkerts는 도시 차원의 격자형 지하공동구 시스템을 제안하였다. 이 공동구는 폭 300미터, 깊이 60미터의 정교한 유틸리티 네트워크로 중앙냉난방시설, 쓰레기처리시설, 공장 등으로 구성된다. 따라서 지상은 공원, 주거, 학교로 활용된다. 그리스 도시계획가 독시아디스Constantinos Doxiadis도 도시의 지상부는 여가와 즐거움을 위해 사람들에게 돌려주고 지하에 공장과 도로 등을 배치할 것을 주장하였다. 즉, '기계와 유틸리티는 밑으로, 자연과 레저는 위로'의 개념이다.

이러한 지하어버니즘의 실현은 1950년대 미국의 휴스턴을 필두로 캐나다의 몬트리올과 토론토에서 광범위하게 실현되었다. 일본은 도쿄, 오사카 등 대도시에 독특한 지하가 시스템을 20세기 초부터 개발하여 현재에 이르고 있고, 우리나라와 중국 또한 도시 지하공간을 활발하게 활용하고 있다.

재난

재난은 자연의 정상적인 경과를 무너뜨리는 드물지만 강력한 활동으로 이전까지는 주로 지질학적인 변화의 양상으로 이해되었다. 그러나 다른 시각에서 보면, 바다가 높아지고 산들이 가라앉으며 어떤 지형은 파괴되고 다른 것들이 새로 생겨나는 것 등은 자연의 정상적인 기능이다. 일상의 자연은 열역학 제2법칙과 엔트로피 법칙이 증명하듯이 재난적일 수밖에 없다.

자연에 기술이 겸비되면 인간에게 유익한 것으로 생각되었다. 기술로 햇빛, 빗물, 광물과 같은 자연의 유익은 극대화하고 가뭄, 홍수, 태풍 같은 위협 요소들은 최소화할 수 있다고 본 것이다. 최근 들어 이러한 가정은 뒤집어지는데, 실제로 이 시대의 공포는 자연이 아니라 인간이 유발하고 있다. 인간이 자연에 가한 충격을 생태적 재난 심지어 인류세Anthropocene라고 하는데, 이는 인간의 탐욕으로 자연이 황폐되는 것이다. 인구 및 소비의 성장을 진보로 정의하는 한 이러한 재난은 일상이 될 것인데, 자연의 가혹함에서 인간을 지키기 위해 만든 인공 환경이 오히려 인간을 위협한다는 것은 모순이라 아니할 수 없다.

인류는 심각한 자연 재난지진, 홍수, 가뭄, 태풍 등과 생태 재난핵사고, 전쟁, 온실가스, 에너지위기, 전염병 등을 마주하고 있다. 이들에서 피하고자 하는 기술적인 노력은 지속될 것이고 지하를 이용하는 것은 확실한 대안이 될 수밖에 없을 것이다.

휴머니티

지하가 인류에게 다가온 역사는 지하를 활용해 온 명분 획득 과정으로 이해할 수 있다. 즉, 지하는 문학적 상상력을 통한 대중성의 획득, 진리의 발견이라는 과학 정신과의 부합, 새로움과 편리함을 위한 기술발달의 시대정신으로 인간에게 온 것이다.

앞으로의 환경은 점점 덜 자연적이 될 것이다. 그런데 문제는 그것이 덜 인간적일 것이냐이다. 이 둘은 별개의 문제이고, 따라서 문제의 해결을 위해 지하에 대한 넓고 깊은 접근이 요구되는 것이다. 지하어버니즘은 기술은 물론 심리, 사회, 정치, 문화, 건강 등 다학문적 과제이고 핵심은 휴머니티이다.

| 도시 지하공간 개념 잡기 |

"슬기로운 사람은 지혜를 제 앞에서 찾습니다.
미련한 사람은 눈으로 땅끝을 더듬네요."

정의

도시 지하공간은 토지 부족으로 인한 다양한 도시문제에 대한 대응, 환경·경관·역사적인 장소 등 개발억제 지역에서의 입체적인 토지이용, 지하라는 공간 환경 특성의 활용 등을 위해 지표면 하부에 조성된 공간자원이다.

도시 지하공간 개발목적

도시문제 해결

현대 대도시의 삶에서 건축 및 도시적인 측면에서 나타나는 문제들은 다음과 같다.

생활과 산업에서는 주거환경의 악화, 도시의 기능과 시설의 비대화, 인구의 과밀, 땅값 앙등, 필요한 재개발의 곤란, 환경 및 경관의 문제, 녹지와 휴게 용지의 부족, 홍수와 같은 재난 문제 등이 발생한다.

교통과 물류에서는 차량으로 인한 대기 환경문제, 물류 과밀화, 교통 정체, 창고 및 저장시설의 입지 부족과 과밀화, 정보통신망의 복잡화 및 안전성 문제 등이 발생한다.

에너지 측면에서는 지구의 기후변화 문제, 에너지 자원의 다양화 요구, 입지 및 경관 문제와 민원, 환경의 안전성 및 지진 문제, 통신설비 네트워크의 지연 등이 있다.

이상의 문제점들은 지상의 개발만 가지고는 해결하기가 어렵다. 따라서 도시의 지하공간은 물론 지상과 지하의 통합 활용이 필수이다. 중랑물재생센터 개발과 기존 당인리발전소를 지하화하고 지상에 조성한 마포새빛문화숲은 이러한 해결의 대표적인 사례이다.

지상 개발억제

지상 개발의 억제를 위한 지하공간 개발은 지하 환경 특성의 적극적인 활용, 지상 환경과 경관의 활용 및 보존, 역사적인 장소의 보존 그리고 안보 및 군사 등의 이유에서 필요하다. 지하가 지상보다 유리한 환경적인 특성은 다음과 같다.

·큰 열용량과 느린 열전달 속도
·기온변화의 영향이 적고 안정된 상태의 온도
·외부와의 교환이 적은 습도
·환경제어가 쉬운 한정된 공간
·파동의 투과손실이 큰 것으로 인한 확실한 방음 효과
·높은 지반 강성으로 인한 진동과 진폭의 감소
·환경의 기밀성, 내압성, 격리성
·자외선과 전자파 영향의 미미함

도시 지하공간 조성의 방향

*지속 가능 도시

도시생태계가 미래에도 유지할 수 있는 제반 환경으로, 인간과 자원의 공생, 개발과 보전의 조화, 현 세대와 미래 세대 간의 형평을 추구한다.

*도시에 대한 권리

도시가 추구해야 할 기본 방향으로 도시 거주자/방문자 누구나 도시가 제공하는 편익을 누릴 권리이다.

*연결 도시

도시의 삶에 중요한 3대 요소인 걷기, 머물기, 구매하기 행위들은 보행의 연결을 통해 구축되는 것이 가장 바람직하다.

*건강 도시

도시 공간 및 거리의 조성에 있어서 시민들의 신체활동을 증진하는 방향으로 디자인 전략을 수립한다.

*도시의 대의

중요한 개발 행위를 할 때는 미래를 생각하여 충분한 여유를 가지고 대응한다. 대표적인 사례로 인도의 계단식 지하 우물인 찬드 바오리Chand Baori, AD 8~9세기가 있는데, 이 우물의 기하학과 집합적 형태는 현대의 지하공간 구축은 물론 문화예술의 여러 방면에도 큰 영향을 미쳤다.

도시 지하공간 이용의 다섯 측면

현대 도시의 지하공간은 사회적 변동과 진보에 대한 상징인 동시에 인간의 낭만과 삶의 토대를 사라지게 하는 측면도 있어 일종의 양날의 칼이다. 따라서 지하공간을 어떻게 만들어갈 것인가는 인류 앞에 놓인 중요한 과제이다.

토지이용 및 경제성

지상과 지하를 통합 개발하는 것은 강도 높은 토지이용으로 과밀이 초래되고 인간의 행태가 침해되는 부작용이 생길 수 있다. 그러나 지상과 지하의 복합 이용을 통해 일상에서 생활의 근접성이 확보되고 차량과 보행자 동선을 분리하여 안전과 쾌적성이 확보될 수 있다.

지하공간 개발은 초기 투자, 조사 및 연구, 공사 등에서 비용이 증가한다. 그러나 종합적인 계획으로 지상과 지하를 함께 개발하면 소위 생애주기비용[LCC]에서 유리하고, 기반시설의 설치 경비[설계, 시공, 관리]가 절약된다. 이외에도 유틸리티 네트워크의 단축, 건물외장재 절약 및 바닥 하중 능력의 향상, 에너지 소비의 절약 등에서 유리하다.

지하 개발로 땅꺼짐[싱크홀]의 문제가 생기기도 하는데 이는 대부분 지하수 흐름의 교란에서 발생한다. 이제까지 국내에서는 개발에 따른 지하수 처리를 강제 배수로 해 왔는데, 사실 이는 지속 가능한 해결안이라고 볼 수 없다. 독일의 경우, 포츠다머 광장Potsdamer Platz 지하개발 시 이러한 지하수 교란의 문제를 방지하기 위해 물을 강제 배수하지 않고 잠수부가 물 속으로 들어가 공사를 하였다. 물론 비용적으로는 대폭 상승하였지만, 이는 크게 보면 환경을 대하는 세계관의 태도를 보여준다.

사회 통합

토지이용의 복합화 및 근접화는 연령대별 상호작용을 증진시켜 여러 다른 집단 사이의 통합을 도모할 수 있다. 초고층 건물은 권한을 가진 일부 사람들만 접근이 가능한 반면, 도시 밑에 뻗어있는 지하공간은 시민에게 개방되어 '만남의 장' 역할을 할 수 있다. 세계적인 명성을 얻고 있는 몬트리올 지하도시 네트워크가 사랑을 받는 중요한 이유가 이러한 만남의 허브 역할이다.

교통 인프라

1863년 역사상 최초 런던에서 지하철을 운행한 이래로, 지하철은 대량 수송이 가능하고 안전과 도착의 정확성이 확보되면서 인류사회의 필수 불가결한 교통수단이 되었다. 한편, 현대로 오면서 기존 지상 도로 및 철로의 지하화가 혁신적인 해결 수법으로 등장하였다. 이미 보스턴의 빅 딕(Big Dig)과 서울의 서부간선도로는 지하화가 완료되어 큰 효과를 보고 있고,

경부고속도로와 동부간선도로 등의 지하화 계획을 통해 교통 체증을 해소하고 지상 공간이 사람들에게 되돌아가는 성취가 기대되고 있다.

안전 및 방재

지하공간의 안전에서 가장 문제가 되는 부분은 화재이다. 즉, 사람의 피난 방향과 화재로 인한 연기의 이동 방향이 같기에 피난에 치명적인 어려움이 발생한다. 따라서 초기의 화재 진압 및 대응 설비는 물론 유사시 효과적으로 사용할 수 있도록 피난 유도등과 표지판을 바닥에 설치하는 등의 계획적인 고려도 필요하다.

한편, 1995년 진도 7.2의 한신대지진에서도 확인되었듯이 지진에 대한 안전은 지하가 지상보다 월등히 우수하다. 실제로 당시 일본을 방문하여 확인한 바로는, 지상의 교통구조물고가로 설치된 고속도로 및 신칸센 선로은 크게 피해를 입은 반면, 놀랍게도 보행과 쇼핑을 위한 지하가는 일부 바닥과 천장에 미미한 손상을 입은 정도였다. 또한 지하는 당연히 동파와 태풍, 번개와 같은 자연재해로부터 우수한 보호 성능을 갖는다.

낮은 곳으로만 흐르는 속성을 가진 물은 지하에 양면의 지위를 부여한다. 안전 측면에서 지하는 홍수, 특히 집중호우에 위험하다. 따라서 취약지역에 위치하는 지하철 출입구와 지하 주차장 입구 등에는 유사시 활용 가능한 차수판과 차수벽의 설치를 적극적으로 고려해야 한다. 지하 안전에 문제를 일으키는 물을 거꾸로 방재 측면에 이용할 수도 있다. 즉, 지하에 담수 터널을 만드는 것이다. 세계 최대 규모의 도쿄수도권외곽방수로깊이 50미터×길이 6.5킬로미터와 32만톤의 빗물 저장이 가능한 서울의 신월빗물터널은 홍수피해 방지를 위한 대표적인 담수 터널들이다.

건강 및 삶의 질

지하공간의 안정된 실내환경은 편안함과 정신의 활력을 지원하고 정숙한 환경은 시청각적인 산만을 최소화하면서 창조성을 자극할 수 있다. 반면에 습도 조절의 어려움과 폐쇄감을 유발할 수 있는 환경은 부정적인 영향이다.

혼잡하고 과밀한 도시일수록 지상부를 쾌적한 녹색공간으로 만들어 도시 생활의 피로감을 풀어주는 것이 필요하다. 또한, 차도와 완전히 분리되면서 안전하고 광범위하게 도심을 연결해 주는 지하 보행 네트워크는 혹독한 기후와 각종 오염에서의 보호, 다양하게 이용되는 대지로의 쉬운 접근을 가능하게 하여 사람들의 삶의 질을 높인다.

국제터널협회 매니페스토

"지하는 지상의 토지나 광물들과 유사하게 미래를 개발하기 위한 자원이다. 지하는 한 번 개발되면 원래의 상태로 복구될 수 없고 개발된 주변의 지상과 지하 모두에 영향을 미친다. 따라서 이 자원이 무분별하게 훼손되지 않도록 지하의 모든 사용에 대한 책임 있는 계획이 마련되어야 한다.

계획가, 개발업자 및 재정가들 사이에 지하의 개발이 적절하게 자리매김할 수 있도록 지하에 대한 이러한 인식이 높아져야 한다. 지하 계획은 정상적인 토지이용 과정에 통합된 부분으로써, 국가 및 지역의 정책은 지하공간의 적합한 사용, 지질조건의 규명, 우선 사용 규정 및 있을 수 있는 사용 분쟁에 대한 해결을 위해 지침, 기준, 분류 등을 제공해야 한다.

국토의 지하 이용에 대한 세부 내용을 관리하는 영구기록 보존 시스템의 운영을 권장한다. 이러한 기록 보존은 모순 없는 온전한 기록을 위해 단일 기관에 의해 관장되어야 하고 실제 건설 기록들을 담아야 한다. 기록은 지하수의 추출, 깊은 파일기초 등과 같이 지하의 잠재적 사용에 영향을 미치나 특정 지하시설로 분류될 수 없는 상황들도 포함해야 한다."

| 지하공간의 지각과 인지 |

"사랑과는 달리 증명할 필요가 없는 것이 우정의 장점입니다.
사랑은 증명해야 할 불편한 의무를 갖는다는 것이지요." _이승우(2017)

지각과 환경지각

지각perception은 감각기관의 생리적 자극을 통해 외부 환경의 사물을 받아들이는 행위이다. 지각은 수많은 감각을 사고과정을 통해 일정한 패턴으로 인식하고 조직한다. 환경지각은 보다 적극적이고 목적 있는 과정으로, 감각기관을 통해 환경에 대한 정보를 감지하여 받아들인다. 그것은 인간의 동기와 욕구에 의해서 수행되는데, 현재의 자극과 과거의 경험을 바탕으로 자극 대상으로부터 일정한 패턴을 찾아내고 그 의미를 추출한다.

인지와 환경인지

인지cognition는 감지, 지각, 이미지, 기억, 회상, 추론, 문제해결, 판단, 평가를 포괄하는 모든 형태의 앎이다. 인지는 학습과 기억, 일반화, 느낌과 태도, 좋음과 싫음을 드러낸다. 환경인지는 환경에 대한 정보와 이미지뿐만 아니라 환경의 성격,

구조 등에 대한 인상 및 의미, 중요성, 상징성을 포함한다. 환경인지는 현존하는 혹은 과거에 경험했던 환경에 대한 정보를 저장, 조직, 재편성, 추출한다.

이상과 같이 환경지각은 환경을 어떻게 받아들이느냐에 초점이 맞춰지고 환경인지는 정보의 해석, 평가, 수정을 통하여 머리에 무엇이 들어있느냐에 관심이 있다. 또한 환경지각과 환경인지를 하나로 보아, 일상의 공간 환경에서 위치 및 속성에 대한 정보 획득 → 코드화 → 회상 → 디코드화 하는 일련의 심리적 변환 과정으로 보기도 한다.

지하공간의 환경지각-인지요소

명료성

공간의 명료성은 혼동 없이 파악할 수 있는 환경의 특징으로 사물들의 공간적 상호관계를 밝히는 정위orientation라고도 한다. 즉, 명료성은 환경의 내용을 범주화할 수 있는 구별성의 정도를 의미한다. 유사한 의미로 일관성이 있는데, 일관성이 환경에 대한 즉각적인 이해를 가능하게 하는 것이라면 명료성은 시간이 지남에 따라 이해를 보장하는 성질이다.

명료한 도시공간은 구역, 랜드마크, 통로들이 쉽게 파악되고 전체적인 패턴으로 조직될 수 있다. 명료한 환경은 심리적인 안정감을 제공할 뿐만 아니라 인간 경험의 잠재적인 깊이와 강도를 강화한다. 따라서 명료성이 높을수록 환경에 대한 선호도도 높아진다.

지하공간의 명료성 확보와 관계된 계획적 요소들은 다음과 같다.

· '중심목표 – 길축 – 영역'의 명료한 조직
· 부분들의 쉬운 인식
· 일관된 패턴의 조직
· 지상부와의 명확한 관계
· 표지sign 시스템
· 형태의 단순성
· 연속성 – 가장자리나 면의 연속, 요소들의 근접, 리듬 있는 간격의 반복, 유사성, 형태와 입면과 용도의 조화
· 분명한 접속부 – 통로 접속부의 가시성, 지상부와의 명확한 관계성
· 방향적 차별성 – 비대칭과 변화 정도, 양 끝을 구별하는 참조점
· 움직임을 통한 인식 – 공간의 변화 요소경사부, 굴곡부, 상호관입에 대한 명료도 향상, 방향에 대한 일관성과 원근감, 거리 간격의 가시화
· 시간의 연속 – 멜로디 또는 테마의 연속

중심성

중심성은 환경의 수평적인 좌표설정과 관련된다. 중심성은 사람들의 체험 속에서 인식의 중심을 나타내는 것으로, 장소의 성격과 주변과의 관계에 의해 영향을 받는다. 중심성은 자아를 어떤 장소 속에 위치시키고, 그 장소와의 관계에서 궁극적으로 자아와 장소를 일치시키려는 인간의 실존적 태도이다.

건조환경에서 통로는 중심에 이르거나 중심에서 나아가는 길이다. 가장자리는 중심을 이루는 경계로 이의 식별에 의해 중심의 크기와 위치가 파악된다. 구역은 중심을 가지며 결절점은 통로들의 집합에 의한 중심의 위치 설정과 관계있다. 수직 요소인 랜드마크는 중심 자체이거나 중심을 강조한다.

지하공간에서 중심성은 물리적 요소와 비물리적 요소의 조합에 의해서 얻어진다.

- ·물리적 요소 - 높은 공간, 적절한 면적, 특별한 디자인
- ·비물리적 요소 - 환경을 대표하는 장소성, 만남의 광장, 활동의 중심, 동선의 결절점

방향감/공간적 정위

방향감은 움직이면서 방향을 유지할 수 있는 능력, 혹은 공간 속에서 자신의 위치나 환경에서 나오는 단서들을 지시할 수 있는 능력이다. 방향감의 상실은 단순히 지리적인 불확실

성이라는 차원을 넘어 불안감, 나아가 공포감으로 연결된다고 한다.

환경을 구조화하고 밝히는 작업은 생명체의 필수적인 능력이다. 이를 위해 색, 형상, 운동, 빛 등의 시각적인 감지뿐만 아니라 냄새, 소리, 촉감, 운동감각, 중력감, 나아가 전기 및 자기장 등 많은 단서를 사용한다. 공간적 정위는 물리적 환경 속에서 자신의 위치를 아는 능력과 목적한 장소를 찾아가는 능력의 복합이다. 사람은 환경에 대한 공간적 재현과 목적지로 가기 위한 행동계획을 모두 사용하여 길 찾기를 수행한다.

지하공간에서 방향감과 공간적 정위는 다음의 요소들로 증진된다.

·표지 – 방향/설명/확인, 정보의 양과 구조, 메시지
·건축과 공간 – 명료성, 이미지성, 공간조직, 공간의 위요, 공간적 상응
·지도 – 평면/모양/흥미로운 그림, 환경과의 관계, 정보의 표시, 공간조직/공간의 위요/공간적 상응
·안내소와 방송

개방감/공간감

개방감은 지하공간에서 지하에 있다는 심리적 압박감을 느끼지 않는 정도이다. 어느 정도 생존적 가치와 관련이 있는 이 개방감을 사람들은 선호한다. 공간감은 시각, 청각, 촉각 등

의 작용으로 공간에 있는 물건의 방향·위치·크기·모양·거리를 인식하는 심리적 경험이다. 공간과 공간감은 밀접한 관계가 있지만 공간이 크다고 해서 반드시 공간감이 느껴지는 것은 아니다. 오히려 공간감은 자유감과 밀접하게 관련된다.

지하공간의 개방감/공간감과 관계된 계획적 요소들은 다음과 같다.

- ·시각 범위와 투과
- ·시각의 겹침
- ·시각의 깊이 - 축적인 가로, 개방 공간, 높은 곳에서의 조망
- ·공간의 분절
- ·멀리 있는 물체를 볼 수 있게 하는 위요부

다양성

사람은 환경에서 다양한 시각적 자료를 요구한다. 높은 질서가 있고 이해하기 쉬우며 예상되는 결과를 얻을 수 있는 시각 자료와 복잡한 질서와 부분적으로 이해되며 예상 밖의 경험이 되는 시각 자료를 모두 원한다. 전자는 방향감의 충족이고 후자는 다양성의 충족이다. 이러한 다름은 충돌이나 배타가 아니라 상호 보완하는 것이며 같은 환경에서 함께 조합되어야 한다.

건조환경에서 다양성은 구성요소의 복잡성, 새로움, 신기

함 등에서 나타난다. 구성요소의 복잡성은 지각되는 요소들 상호 간의 차이인데 이러한 대비에 의해 환경의 단서들은 더욱 생생하게 지각된다. 또한 신기함은 관찰자의 이전 경험에 기초하여 기대한 것과 불일치하는 속성이다. 신기함의 최고 선호도는 중간 정도의 불일치에서 나타난다.

한편, 신비함은 이동과 탐색을 통한 추론을 요구하고 경관의 경험 속에서 다양성을 높인다. 이러한 신비함은 두 가지 조건을 고려해야 한다. 첫째, 기본적인 형태나 방향감을 잃을 만한 위험이 없어야 한다. 놀람은 전체적인 틀 속에서 나타나야 하는 것이다. 둘째, 미로와 신비는 그 자체로 들여다보면 이해되는 형태이어야 한다. 아무런 암시도 없는 혼돈에서 미적 쾌가 나올 수 없다.

지하공간에서의 다양성은 시각과 공간 요소를 사용하여 성취할 수 있다.

- ·시각 경험의 다양성 - 새로운 경험 요소, 이전 경험과의 불일치 요소, 복잡성 요소, 자연 요소와 자연/인공의 조화
- ·공간 경험의 다양성 - 이동의 탐색과 경험을 통한 환경미의 증진, 놀라움 요소

이미지/의미

이미지/의미는 환경에서 받는 인상이나 느낌, 또는 상징성 등 사람의 반응 행태를 의미한다. 환경에 대한 분명한 이미지

는 정서적 안정감을 제공하고 이로 인해 사람은 외부 환경과 조화로운 관계를 세운다. 길 찾기 과정에서 환경의 이미지는 중요한 실마리다. 그것은 외부세계에 대한 마음의 그림으로, 현재의 감각 행위에 과거 경험에 대한 기억을 결합시켜 정보를 해석하고 행동으로 이끄는 것이다.

어떤 대상의 가시성은 그 대상이 갖는 시지각적인 특성으로 높음, 큼, 물리적 형상의 독특함 등으로 나타난다. 가시성은 주변환경과의 관계에서 시각화와 보충화의 과정을 통해 작용하는 상대적인 개념이다. 한편, 장소의 가시성은 주변 장소와의 대조, 시각적인 우세, 예술적인 힘, 건축물, 행위 등에 의해서 결정된다.

지하공간에서 이미지/의미를 강화하는 요소들은 다음과 같다.

· 명칭
· 상징
· 행사 및 의식
· 내부의 수직성
· 식별성, 특이성

| 지하 미학 |

"말은 듣는 사람의 마음에 따라 다르게 들리고
기억하는 자의 욕망이 행위자의 행위를 해석합니다."

지하는 아름다운가...?

그렇다는 대답이 선뜻 나오기 곤란한 질문을 안과 밖에서 바라보도록 하자.

공간 미학

미학의 가장 오래된 전통은 유기주의, 즉 내부에서 자연스럽게 발현되는 형태의 결과를 아름다움으로 보는 것이다. 그렇다면 지하는 미beauty와는 상관없는, 모양 없는 환경이며 스산하고 단조로운 풍경일 것이다.

18세기 후반, 데이비드 흄과 칸트와 같은 철학자들이 미학의 관심을 대상물에서 관찰자로 이동시키고, 그 중심 주제가 느낌, 즉 보는 이에게 미치는 아름다움의 심리적인 영향이 되면서 지하 미학은 새로운 전기를 맞는다. 지하에 '숭고함'과 '판타지'라는 새로운 미의 원칙이 적용된 것이다.

숭고함

숭고함은 아름다움과 신기함을 수반하는 상상 속의 쾌이다. 이는 주로 자연의 위대함과 광대함에 대해 솟아나는 느낌이다. 인간은 감각의 대상에서 힘, 상실, 공허, 고독, 침묵, 광막함, 무한, 장대함, 어두움 등을 느낄 때 숭고한 감정을 갖는다. 어떤 경우든 대상이 관찰자를 압도하는데, 무엇보다도 최고의 결핍인 어두움이 숭고함을 유발한다. 때로는 전통적인 미의 속성보다 이러한 숭고함이 보다 소중하고 강렬한 경험으로 작용한다.

숭고한 지하는 못난 것도, 아름다운 것도 아닌 완전히 다른 무엇이다. 어두컴컴하나 기분 나쁘지 않은 어두움, 무서우나 흥분되는 무서움의 환경이다. 자연의 활동이 빚어낸 슬로베니아의 포스토이나Postojna 동굴이나 수십 년 동안 금을 캐다가 버려졌던 곳이 관광명소로 재탄생된 광명동굴의 압도하는 느낌이 바로 이 숭고함이다.

산업혁명 이후 숭고함의 대상은, 점차 그리고 지속적으로, 자연에서 기계로 옮겨갔다. 숭고함은 불가피하게 복종의 정서를 불러일으킨다. 그런데 이제 그 대상이 자연이 아니라 기계가 된 것이다. 결국, 숭고함의 기계는 이길 수 없고 불가피하게 파괴적이며, 인간은 경외와 경이로 기계에 굴복하고 숭고한 기계는 자동기술이자 통제 밖의 기술이라는 결정론으로 귀결된다.

인공의 기계가 숭고함의 대상이 되었다는 사실은 일종의 코페르니쿠스적 전환이었다. 숭고함의 감정이 인공 무한artificial infinite, 즉 대규모 내부공간에 의해서도 생기게 된 것이다. 인공 무한은 그것에 대한 생리적 반응으로 숭고함을 느끼게 하는데, 이미지가 동일하고 경계가 없어지면 시각은 긴장하고 정신은 숭고함을 감각한다. 인공 무한은 문명의 권위, 자연으로부터의 독립, 영원성과 당당함을 재현한다. 광대하나 위요되어 있고 빛나는 인공 무한의 이상은 자연에서는 불가능하다. 그것은 오직 상상력의 힘이나 기술의 위력을 통해서만 실현된다. 인공 무한은 우리가 복종해야 할 세계에 대한 이미지이다.

판타지

19세기 런던의 미술공예운동이 극명하게 드러내었듯이, 산업혁명은 예술과 기술을 서로 반대편에 서게 하였다. 그러나 같은 시기 파리의 아케이드는 그것들이 조화 속에서 공존할 수 있다는 것을 보여주었다. 아케이드 프로젝트가 촉발한 판타지 공간은 기술과 예술이 결합하여 자연을 정복하고 어떠한 갈등도 일어나지 않는 인공 환경이다. 따라서 판타지는 지하 미학의 또 다른 핵심이다.

판타지 미학은 결정적인 한 건의 발견을 통해 세상을 변혁할 수 있다는 사회적 판타지이기도 하다. 판타지 미학의 당당한 위세는 조명 기술의 발전으로 가능했다. 도시 전체가 하나의 거대한 실내 공간이 되고 판타지의 아우라를 뿜어내는 것은 바로 조명 덕분이다.

자연과 사회와 분리된 채 잘 조성된 실내는 자기 폐쇄적인 소비자의 낙원이다. 세계는 이러한 낙원들을 수없이 세워왔다. 그중의 대표 주자 역할을 토론토 이튼 센터Eaton Centre가 오랫동안 담당해왔다. 하지만 이제 그 자리를 싱가포르에 넘겨야 할 것 같다. 인공 무한의 판타지 미학을 환상적으로 체험하려면 주얼 창이Jewel Changi로 가야 하기 때문에.

형태 미학

지하에 무슨 형태 미학이 있느냐고 반문하겠지만 그 반문이 곧 대답이다. 없는 것의 미학, 즉 질료 덩어리인 건축물에서 없음의 상태에서 얻는 미학적 특성 말이다. 아무것도 아님nothingness이라고 할 수 있는 이것은 건축물과 함께 또는 형태 넘어에 존재하는 것에 대한 관심이다. 즉, 새로운 장소성에 대한 관심이다. 지상의 풍광은 예전 모습 그대로이다. 그래서 땅속에 무엇이 있다는 것을 쉽게 생각할 수 없는데 이러한 의외성은 이미 거기에 있으나 갑자기 마주하게 되는 놀라움으로 다가온다. 공간의 분위기를 지배하는 빛과 그림자, 바람과 소리는 건축의 아무것도 아님 상태에서 더욱 선명하게 드러난다.

지하

| 깊은 도시; Deep City |

"거주자의 많은 요구에 대응하는 다양한 주거 평면은 단면도에서 나옵니다."

"각 방향으로 공간감 있게 휘어지는 거대한 건물들의 통로. 광폭을 가로지르며 뻗어 나오는 엄청난 크기의 캔틸레버들. 하늘을 덮는 반투명한 재료의 장식들. 창백한 태양 빛을 무색하게 만드는 차가운 흰 빛의 거대한 전구들. 공중에 여기저기 설치된 거미줄 구조의 보행자 다리…"

1899년 웰스H.G. Wells의

'When the Sleeper Wakes' 중에서

COEX
Samsung-ro
Residence
Office
Retail
Plaza
Refuge
Obserbatory
Market
Vertical Farm
Kindrgarten
Vertical Forest
Cafe
Hospotal
Vertical Park
Library
Cistern

| 새 출발점 |

"감정이나 감각이 아니라 의지에 뿌리를 박아야
사랑은 일관성을 유지합니다. 제도로서의
의지가 결혼입니다." _이승우(2017)

2005년 10월 7일, 건설교통부령 474호로 '지하공공보도시설의 결정·구조 및 설치기준에 관한 규칙'이하 규칙이 제정, 공표되었다. 이 규칙은 거의 모든 건축인들의 주목을 받지 못했지만, 그 의미는 1967년 새서울 지하도상가 개발을 시점으로 국내 도시 지하공간 개발 역사에서 이정표적 사건이었다.

사실 규칙 이전에도 지하도상가를 다룰 수 있는 법적 근거가 존재한 적이 있었다. 바로 1987년 건설부령으로 제정된 '지하도로시설기준에관한규칙이하 이전 규칙'으로, 그 명칭에서도 알 수 있듯이 지하도상가를 지하도로라는 토목 시설의 관점에서 다룬 것이었다. 그러나 이전 규칙마저도 2000년 규제 완화라는 정치적 흐름 속에 사라지면서, 국내에는 공공 지하공간을 다룰 수 있는 법제가 존재하지 않게 되었다. 법적 대상은 여전히 존재하는데 법의 실체가 없어져 버린 비상식적인 상황이 발생한 것이다. 따라서 규칙의 제정은 무법 상황을 종식시킨 역사적인 사건이었고, 지하공공보도시설이하 시설이라는 변화된 명칭이 보여주듯이 규칙은 내용적으로 보다 건축적인 성격으로 진일보하였다.

기본정신

본격적으로 규칙의 내용을 살펴보기 이전에 규칙의 바탕에 자리하고 있는 기본정신부터 이해하는 것이 필요하다. 몽테스키외의 말처럼 법은 저마다의 나라에서 실시되고 있는 법 형태, 법체제의 경험적인 결과이기에 규칙도 그러한 틀 속에서 지향하고 있는 기본적인 의미를 지니고 있다.

그동안 국내에서 행해져 왔던 지하도상가 개발의 방식은 민간사업자가 지하도상가를 개발하고 투입된 경비나 이윤을 획득하기 위해 이를 가능한 한 잘게 나누어 비싼 값에 임대하는 방식이었다. 즉, 지하도상가는 전문가들의 무관심과 법제도의 미비 속에 극단적인 이윤추구의 장소로 다루어 왔던 것이다. 그리고 그것의 결과는 소중한 도시공간 자원의 황폐화였다. 사실 지하도상가가 자리하고 있는 도로 하부 공간은 민법 212조의 정신으로나 어버니즘의 측면에서나 시민들을 위한 공공재적 성격의 공간이다. 규칙의 기본정신은 그동안 지하도상가에서 무시되어왔던 공공성을 다시 회복하는 것이다.

정의

지하공공보도시설은 도로, 광장 등의 지하에 설치된 지하보행로, 지하광장, 지하도상가와 그에 따른 지하도출입시설(출입구를 포함), 지하층연결로 및 부대시설을 의미한다.

주요 내용

설치지역

시설 설치의 핵심은 선택과 집중을 통해 양적인 확대보다는 높은 질적인 성취를 이루는 것이다. 규칙은 지하도상가라는 용어를 지하공공보도시설의 한 구성요소로 제한하고 있다.

지하보행로

규칙은 지하보행로의 너비 기준을 하나만 제시하고 있는데 입지와 용도를 고려하여 특별한 경우를 추가로 고려할 필요가 있다. 즉, 보행인의 통행이 많다고 인정되는 경우에는 보다 강화된 산식을 별도로 적용하는 것이다. 한편, 지하보행로의 천장 높이를 예외 없이 3미터로 통일하고 바닥에 단차를 허용하지 않으며 장애인·노인·임산부 등이 이용 가능한 경사로를 두게 한 것은 이용자를 고려한 결과이다.

지하광장

규칙은 광장을 의무적으로 두도록 하고 있다. 또한 광장의 천장 높이를 보행로 부분보다 30센치미터 높게 함으로써 공간감과 함께 차별성을 갖게 하였다. 이러한 조치들은 시설의 환경 개선에 획기적으로 기여할 것으로 보인다. 그럼에도 불구하고 지하광장과 지하보행로와의 관계를 보다 명확하게 하고,

둘 이상의 광장을 설치할 경우 간격에 대한 규정을 두는 것이 필요하다.

지하도상가

시설에서 이용자들이 순수하게 사용하는 면적[A]은 지하보행로[P], 지하광장[Q], 지하도상가[S]이다. 규칙은 이를 S≦P+Q로 규정하고 있는데 이는 상가 비율이 50퍼센트를 넘지 못한다는 의미이다. 이로써 시설에서 상가가 차지하는 비율은 많이 개선되었느나 여전히 일본의 지하가에 비하면 높은 수치이다. 또한 상가의 개수밀도를 조절하기 위해 점포의 평균 면적을 일정 규모 이상으로 하는 규정도 필요하다고 본다.

지하도출입시설

여기서 주목할 부분은 지하광장으로 직접 통하는 출입시설에 에스컬레이터를 반드시 설치하게 함으로써 공간의 통합도와 이용의 편리성을 증진한 것이다. 또한 출입구에는 지붕 또는 덮개 시설의 설치를 의무화하였다.

지하층연결로

시설의 발전적인 확대를 위해서는 지하철역 및 인근 건축물과의 합리적인 연결이 필요하다. 그러나 이러한 연결이 자칫 상업의 확대만을 초래할 수 있기에 규칙에서는 연결부에 반드시 지상으로 통하는 계단을 설치하게 함으로써, 시설에 대한 사용자들의 심리적인 안정과 유사시 피난이 쉽도록 하였다.

천창

시설의 바람직한 환경조성을 위해 가장 절실하면서 동시에 가장 혁신적인 내용이 천창이라고 할 수 있다. 캐나다와 일본 등 도시 지하공간 개발 선진사례에서는 일반화된 천창 요소가 그동안 국내에서는 전무하였다는 것이 만시지탄이지만, 이번 규칙을 통해 공식화된 것은 높이 평가할 일이다. 이 규정이 제대로 실현되기 위해서는 지상부와의 관계를 세심하게 다루어야 한다. 즉, 시설의 상부는 도로 또는 광장이므로, 천창을 설치하기 위해서는 차로 또는 보도의 축소와 같이 지상부 형상이 조정될 수밖에 없다.

부대시설

규칙에서 규정하고 있는 부대시설은 소방시설, 중앙방재실, 방화구획시설, 배수시설 등의 방재 요소와 공기정화 및 환기설비, 냉난방시설 등의 실내환경 요소, 그리고 장애인용 승강설비, 공중화장실, 공중전화 등의 편의 요소로 구분될 수 있다.

의미

우리나라에서 지하공공보도시설은 도로라는 공공의 성격과 상가라는 상업적 성격이 결합된 도시의 독특한 공간이다. 바로 이 지점에서 한쪽을 과도하게 강조할 수 없는 어려움이 발생하기도 하지만, 기본적인 성격이 공공성임은 이론의 여지가 없다. 이러한 공공성이 그동안의 국내 지하공간에서 거의 발현되지 못하였음을 생각할 때, 규칙의 등장은 도시 지하공간 조성에 새로운 패러다임을 가져온 것이다.

"도가니로 은을, 풀무로 금을 제련하듯 칭찬해
보아야 사람됨을 압니다."

지하상가 이야기

앞서 살펴보았듯이 지하상가의 공식 명칭은 '지하공공보도시설'이지만 지금까지도 지하상가, 지하도상가, 지하쇼핑센터 등이 널리 사용되고 있다. 아마도 최초 개발 당시 지하상가라 이름 붙인 것이 큰 영향일 것이다. 초창기 국내 지하상가 개발에 큰 역할을 했던 손현수1930~2019는 자서전 성격의 '하루를 살아도 불꽃처럼'에서 지하상가와의 여러 인연을 이야기하고 있는데, 역사적인 자료의 가치가 있다고 판단되어 주요 내용을 정리해서 소개한다.

***서울**

1973년 12월 30일. 서울 왕십리의 중앙시장 내에 있던 성중지하상가에 대화재가 발생하는 사건이 벌어졌다. 중앙시장에 지하상가가 개발된 것은 1971년 9월 29일이었다. 성중지하상가는 코스모스 백화점이 개발한 인현지하상가에 이어 두 번째로 민간 자본으로 개발된 지하상가였다. 그러한 상가가 개발된 지 2년 만에 화재로 전소되자 지하상가는 복구할 엄두도 내지 못한 채 방치되고 있었다. 연말 대목을 보겠다고 많은 물건을 들여놓았던 상인들의 피해는 엄청났다.

해를 넘기고 1974년 초, 날이 몹시 춥던 어느 날 전에 내 밑에서 덕대를 했던 사람이 찾아왔다. 그의 통사정으로 불이 난 지하상가로 같이 갔다. 그야말로 아수라장이었다. 하루아침에 매장과 물건을 잃은 사람들은 북풍한설에도 어쩌지 못하고 길거리에 나와 근근히 장사를 하고 있었다.

나는 신당 사거리 한 건물의 2층 홀을 빌려서 상인들을 모았다. "이 차트를 보시면 아시겠지만 상가가 불이 난 건 화재 시 그에 대한 대비가 철저하지 못한 때문이었습니다. 물 40톤을 저장할 수 있는 저수탱크는 물론 스프링클러 그리고 화재 발생 시 인근 소방서에 알림과 동시에 시장 전체에 알릴 수 있는 자동화재속보기, 화재감지기, 비상방송설비 등은 물론 25마력의 환풍 장치까지 설치하겠습니다. 인테리어 역시 최고의 시설로 지을 것을 약속하겠습니다."

이렇게 하여 성중지하상가는 1975년 11월 11일에 역사적인 개장식을 가졌다. 1500평 남짓한 지하상가가 개장하자 상인은 물론 소비자들로 발 디딜 틈이 없을 정도로 꽉 차는 호황을 누리기 시작했다. 성중지하상가의 화재와 재건축을 통해 나는 내가 가야할 길을 명확하게 깨달았다. 나는 운명적으로 지하상가 개발에 내 남은 인생을 다 바칠 것이라고 생각하기 시작했다.

성중지하상가의 재건축이 완공되기 1년 반쯤 전인 1974년 8월 15일 서울 지하철 1호선이 준공되면서 지하 시대가 개막되었다. 만성 교통정체에 시달리던 종로 거리가 지하철의 개통과 함께 시원한 대로로 탈바꿈하자 교통량이 많은 서울의 중요 도심일수록 지하보도를 겸한 지하상가의 필요성이 강력하게 대두되었다. 게다가 공교롭게도 같은 날, 육영수 여사의 피살로 남북 상황은 악화일로로 치달았고 정부의 반공 우선 정책은 비상시 대피시설이라는 또 하나의 공간을 필요로 하였다.

서울시의 민자유치 지하상가 개발이 본격화되면서 첫 시도는 소공지하상가와 평화방산지하상가 개발로 결정되었다. 나는 소공지하상가 개발을 희망했다. 그러나 서울시는 규모의 방대함과 서울의 중심권이라는 지역의 특성상, 무명의 기업인에게 내줄 수 없다는 입장이었다. 결국 소공지하상가는 삼부토건이 하게 되고 나는 평화방산지하상가에 눈을 돌릴 수밖에 없었다.

"시장님, 앞으로 지하상가는 무분별하게 개발해서는 안됩니다. 이 좁은 나라에서 국토 확장의 의미도 있고 국토를 효율적으로 운영하게 되는 것은 물론 교통난 해소에도 적극적으로 활용할 수 있는 지하 공간이 되어야 합니다. 그리고 제2의 6·25가 나지 말란 법이 있겠습니까? 북에서 포라도 쏘아대면 지상에 있는 사람들은 모두 죽습니다. 사람들이 안전하게 대피할 수 있는 장소도 필요한 것입니다. 지하의 상가는 상가대로 개발해서 어려운 교통도 해소하고 교통사고도 줄이고 또 훌륭하게 방공호의 역할도 하도록 제가 만들겠습니다. 서민들은 서민들대로 벌어 먹고살 수 있는 공간을 만들어 주는 것입니다." "그래요, 손 사장 말이 다 맞습니다. 국토 확장 그거 마음에 듭니다. 그럼, 한 번 해봅시다."

결국 1975년 11월 20일, 평화방산지하상가 건설 허가 신청서를 서울시에 접수하여 민간자본 투자자로 선정되었고 1976년 5월 15일 착공에 들어가 1977년 6월 11일 준공을 하였다. 이후 전국적으로 지하상가 개발붐이 일어났다.

***부산**

부산의 서면지하상가 개발은 나의 결단력, 추진력, 집념을 시험한 최대의 장이었다. 사업승인이 떨어지기까지 서울과 부산을 3년 6개월 동안 185번이나 왕복하게 될 줄은 생각도 못했고 그사이 부산시장이 다섯 번 바뀌었다. 1980년 3월 20일 비로소 기공식을 갖게 되었다.

이 무렵 국제시장지하상가도 공사를 시작하였다. 그것은 서면지하상가의 1/3 수준에도 못 미치는 규모였다. 그러나 권력의 힘으로 상가개발을 해 보려던 모씨가 시작한 터라 나는 내심 그곳과는 비교도 되지 않을 상가를 지어 보이겠다고 다짐했다. 하지만 공사의 난이도는 예상보다 훨씬 어려웠다. 그 결과 애초에 12개월이던 공사 기간이 21개월로 연장되었다. 공사비도 세 배 가까이 늘어났고 공사 기간의 연장으로 지상 상가와의 마찰도 더욱 늘어날 수밖에 없었다. 서면지하상가는 1공구와 2공구로 나누어 착공을 했다. 1981년 12월 22일 제1공구의 준공식과 함께 개장을 하였다. 그리고 우여곡절 끝에 제2공구의 준공은 총 33개월이 걸렸다.

***마산**

경남 마산에 지하상가를 개발하기로 회사 방침을 정한 게 1988년 말이었다. 처음 마산을 답사하면서 개발지로 택했던 곳은 마산공동어시장 앞 도로였다. 하지만 마산시 관계자들이 난색을 표했다. 교통혼잡이 걷잡을 수 없을 것이라는 판단이었다. 그래서 두 번째로 찾은 곳이 합성동 중앙로였다. 나는 합성동 중앙로 자리가 미래에는 지리적 이점으로 작용할 것이라고 판단했다.

여러 우여곡절 끝에 1990년 12월 15일에 합성동지하상가를 착공하였다. 시공을 시작했지만 주변 상가의 민원도 끊이지 않았고 설계 당시에는 예상하지 못했던 상하수관로 설치 문제나 한국통신의 통신구 설치 등을 병행했던 관계로 완공은 예정보다 4개월이 지연되었다. 마산 합성동지하상가는 임대차 계약을 맺는 데에도 애를 먹었다. 임대차 계약은 마산시의 승인사항이었는데 마산시 의회가 거부하는 바람에 전체적으로 차질이 빚어졌다. 결국 공사를 완료하고도 1993년 5월 8일에야 준공식과 함께 상가를 개장하였다.

서울 지역; 31개소 + 하나

서울 낙원상가 하부에는 지하시장이 있다. 천상병 시인이 즐겨 찾던 유서 깊은 시장이다. 상가 1층은 뻥 뚫린 허공이자 길이다. 건물 가운데로 6차선의 삼일대로가 버젓하게 지나가고 건물의 내장을 통과하듯 남북으로 차량이 질주한다. 이렇듯 도로 하부에 위치하니 시장은 당연히 지하공공보도시설이지 않냐고 얘기할 수 있다. 그렇지만 이곳은 지하공공보도시설이 아니다.

사연은 이렇다. 낙원상가 지역은 원래 무허가 판자촌과 술집 그리고 유곽 등이 자리한 서울 도심의 낙후된 곳이었다. 1967년, 서울시는 도시정비 차원에서 이곳을 재개발하기로 하고 민간에게 '낙원시장 상가 아파트' 개발을 허가한다. 허가 조건 중에 하나는 지상에 새로운 도로를 만드는 것이었고 그 결과 지금의 삼일대로가 태어났다. 따라서 낙원상가 지하는 기존 도로 밑에 계획된 지하공공보도시설이 아닌 건물과 도로를 복합 개발한 입체 도시계획의 결과물이고 그래서 이름도 지하시장인 것이다 그러나 2001년 대법원의 도로점용료 부과가 합헌이라는 판결로 논란의 소지는 여전하다.

서울의 지하공공보도시설은 1960년대 1개소, 1970년대 19개소, 1980년대 9개소, 2010년 이후 2개소 등 총 31개소가 개발되었다. 시기적으로 보면 1975~1985년이 가장 전성기로, 이때 개발된 시설이 26개소 전체의 84퍼센트 에 이른다. 시설들의 총 연면적은 171,477제곱미터이고 통합 운영되는 곳이 3개소, 폐쇄 중인 곳이 1개소가 있어 현재는 27개소로 운영되고 있다. 또한 이제까지 서울이 개발한 시설들의 총면적보다도 훨씬 큰 '영동대로 지하공간'이 2028년을 완공 목표로 건설 중에 있다.

순번	최초 명칭	현재 명칭	개설시기	길이 (m)	연면적 (㎡)	폭×높이 (m)	설치깊이 (m)
1	새서울	시티스타몰	1967.12	480	4,871	9×3.2	4.5~7.7
2	인현	인현 지하쇼핑센터	1970.09	67	1,878	42×2.3	2.9~5.2
3	성중	신당 지하쇼핑센터	1971.09 1975.11	397	5,058	11.5×3.6	0.7~4.3
4	청량리	청량리 지하쇼핑센터 (롯데백화점과 통합 운영)	1974.09	31	777	14×3.2	1.1~4.3
5	서울운동장	청계6가 지하쇼핑센터	1975.06	65	655	15.1×3.9	4.3~8.2
6	을지6가	동대문스포츠 지하쇼핑센터	1975.06	79	1,094	12.5×3	3.8~6.8

7	방산 청계5가 지하쇼핑센터	1977.06	50	1,993	35×3.4	3.3~6.7
8	충무 명동역 지하쇼핑센터	1977.08	72	2,215	23×3.9	2.8~6.7
9	한일 마전교 지하쇼핑센터	1977.09	35	1,210	15×3.5	2.9~6.4
10	영등포시장 영등포시장 지하쇼핑센터	1977.09	140	3,637	26×3.5	3.6~7.1
11	을지입구 을지로입구 지하쇼핑센터	1977.09	87	2,271	20.2×3.3	3~6.3
12	종로4가 종로4가혼수 지하쇼핑센터	1977.12	150	2,997	15×3.5	2.8~6.3
13	남대문 남대문로 지하쇼핑센터	1977.12	134	3,831	24×3.5	3.7~7.2
14	동대문1차 동대문 지하쇼핑센터	1978.02	40	1,359	54×3.5	2.4~5.9
15	회현 회현 지하쇼핑센터	1978.07	153	9,031	35×3.3	5~8.3
16	소공 소공 지하쇼핑센터	1978.12	346	6,779	18×3.9	3.5~7.4
17	명동 명동 지하쇼핑센터	1978.12	72	3,838	23×3.9	2.8~6.7
18	동아 고투몰	1979.04	195	7,696	27.1×3.4	4.7~8.1
19	상훈 고투몰	1979.04	369	12,473	27.1×3.4	4.7~8.1
20	종각 종각 지하쇼핑센터	1979.12	133	4,724	25×3.9	1.2~5.1
21	영등포역 영등포역 지하쇼핑센터	1980.01	100	4,678	63×4.5	2.8~7.3
22	한신 고투몰	1980.06	307	11,111	27.1×3.4	4.7~8.1
23	종로5가 종오 지하쇼핑센터	1980.06	141	4,165	25×3.0	2.5~5.5

24	잠실역 잠실역 지하쇼핑센터	1981.02	164	8,446	79×3.4	11.7~15.1
25	강남역 강남역 지하쇼핑센터	1982.12	164.2	12,099	130.3×3.8	6.3~10.1
26	영등포로터리 영등포로터리 지하쇼핑센터	1983.04	240	6,325	17×3.6	3.1~6.7
27	을지로 을지스타몰	1983.10	1,649	20,334	15.1×3.9	4.3~8.2
28	남부터미널 폐쇄 중	1985.10	185	5,630	-	-
29	동대문2차 동대문 지하쇼핑센터	1985.11	26	793	48.6×3.5	2.4~5.9
30	영등포뉴타운 영등포뉴타운 지하쇼핑몰	2011.02	191	9,220	-	-
31	잠실지하광장 잠실 지하광장 쇼핑센터	2016.12	-	10,289	-	-
(32)	영동대로 지하공간	2028.04 예정	600	211,358.89	63×43	-

서울 외 지역; 49개소

서울 외 지역은 1970년대 11개소, 1980년대 21개소, 1990년대 12개소, 2000년대 4개소, 2010년 이후 1개소 등 총 49개소가 개발되었다. 시기적으로 보면 1980~1995년이 가장 많은 29개소[전체의 59퍼센트]로 나타나고 있다. 1971년 제일 먼저 개발된 인천을 필두로 대구[1977년], 수원·부천·안양[1978년], 광주·창원·원주[1980년], 부산·대전[1981년], 제주[1983년], 청주[1987년], 천안·진주[1988년], 순천[1990년], 성남[1995년], 의정부[1996년], 춘천[1999년] 등 18개 도시가 뒤따라 개발하였다.

개발된 면적단위=제곱미터은 대구 128,470.66, 부산 98,281.84, 인천 89,291.51, 춘천 34,546, 의정부 33,266.99, 광주 30,501.05, 성남 27,256.72, 대전 25,541.21, 창원 19,945.29, 안양 18,234.47, 제주 10,087, 천안 9,721.6, 진주 6,777.6, 청주 5,425, 순천 4,523, 부천 4,425, 수원 3,393.96, 원주 2,442.63 등의 순서이다.

인천의 경우 동인천역에 다섯 개새동인천·동인천·중앙로·인현·신포의 시설들이 총면적 15,346.66제곱미터의 크기로 이웃해 있고, 부평역에 네 개신부평·부평역·부평중앙·부평대아가 총면적 26,974.97제곱미터의 면적으로 마치 하나의 큰 시설처럼 붙어있는 것이 특징이다.

대전은 두 개역전, 중앙로 시설이 대전역 정면의 중앙로를 따라 자리하고 있는데, 중간에 가로지르는 대전천으로 인해 서로 오랫동안 약 90미터 정도의 거리로 떨어져 있었다. 시민들이 많이 찾는 이 두 시설을 잇고자 하는 노력이 지속되어, 2022년 하천 밑으로 폭 13미터, 길이 140미터의 연결통로가 조성되어 단절성이 극복되었다.

춘천의 시설은 전국에서 두 번째 큰 규모로 시청 앞 오거리인 중앙로터리에 위치하는데, 오거리 중 세 방향으로 마치 오징어 다리처럼 뻗쳐져서 자리 잡고 있다. 원주는 특이하게도 현재 국내에서 운영되고 있는 지하공공보도시설 중 창원부림창작공예촌과 함께 상업시설이 설치되지 않고 있다. 그 대신 시민을 위한 공간[광장, 쉼터, 무대, 스마트도서관]과 공공 기관의 업무 공간이 자리하고 있다.

지역	현재 명칭	개설연도	연면적(㎡)
부산	국제지하도상가	1981	3,019
	서면지하도상가 서면몰	1981 1982	11,626.97
	서면지하도상가 부전몰	1985	11,910
	광복지하도상가	1988	15,996.86
	남포지하도상가	1988	17,714.01
	부산역지하도상가	1994	3,641
	서면지하도상가 중앙몰	1997	11,447
	덕천지하상가	2008	22,927
인천	새동인천지하도상가	1971	1,654.5
	동인천지하도상가	1974	2,286.67
	중앙로지하도상가	1977	4,066.31
	인현지하도상가	1980	2,401.08
	신포지하도상가	1983	4,938.1
	모두몰(신부평지하상가)	1978	3,408.2
	모두몰(부평역지하상가)	1986	9,580.67
	모두몰(부평중앙지하상가)	1989	6,164.02
	모두몰(부평대아지하상가)	1998	7,822.08
	제물포지하도상가	1977	4,126.94
	배다리지하도상가	1979	1,657.87
인천	부평시장지하도상가	1980	5,179.6
	석바위지하도상가	1986	7,722
	주안역지하도상가	1990	10,438.44
	주안시민지하도상가	1995	17,845.03
대구	대현프리몰 대구	1977	9,978.66
	대구역지하쇼핑센터	1978	1,307
	대신지하쇼핑몰	1985	9,036
	두류역지하상가	2005	26,096
	메트로센터	2005	60,165
	메트로프라자	2005	12,434
	범어월드프라자	2010	9,454

광주	충금지하상가	1980	4,801.24
	금남로지하상가	1991	25,699.81
대전	대전역전지하상가	1981	6,563.12
	대전중앙로지하상가	1991 1994	18,978.09
강원	춘천지하도상가	1999	34,546
	원주지하상가	1980	2,442.63
경기	수원역지하도상가	1978	3,393.96
	부천역지하도상가	1978 1981	4,425
	안양중앙지하도상가(일번가몰)	1978	2,410.47
	안양일번가지하쇼핑몰(일번가몰)	1981	15,824
	성남중앙지하도상가	1995	27,256.72
	의정부역지하상가	1996	33,266.99
경남	창원부림창작공예촌	1980	3,196.5
	진주에나몰	1988	6,777.6
	대현프리몰 창원	1993	16,748.79
전남	순천씨내몰	1990	4,523
제주	제주중앙지하상가	1983 1987 1990	10,087
충남	천안역지하도상가	1988	9,721.6
충북	대현프리몰 청주	1987	5,425

11년 시차의 연구

하나의 지하공공보도시설을 대상으로 11년의 시차를 두고 연구를 진행하였다. 그래서 개인적으로 보람을 느끼는 연구이기도 하다. 대상은 경남 창원시 합성동에 위치하는 최초의 합성동지하상가, 리모델링 후 대현프리몰 창원점으로 불리는 지하공공보도시설이다. 시설은 1993년 개장되었는데, 2013년 9월에 리모델링을 진행하여 2014년 4월 다시 개장되었다.

물리적인 변화 ; 지상 출입부

최초 시설에서 출입구는 16개 조성되었다. 지상 보행로의 최대 너비는 6.63미터, 최소 너비는 6.3미터이고, 지상에서 지하 1층 바닥면까지의 최대 깊이는 7.92미터, 최소 깊이는 6.97미터이다. 에스컬레이터와 엘리베이터는 설치되지 않았고 인접 건물로 통하는 지하층연결로 또한 없다.

리모델링 후 출입구는 16개로 변함이 없으나 출입구에 에스컬레이터가 설치되었고 교통약자를 위한 엘리베이터도 신설되었다. 지상 보행로의 최대 너비는 7.89미터, 최소 너비는 6.16미터로 리모델링을 통해 보행로가 전체적으로 넓어졌다.

물리적인 변화 ; 내부

최초 시설에는 폭 28미터의 가로축, 즉 지상의 도로축 지하로 상가[A]와 통로[B]가 ABAABA로 배열되었다. 세로축에는 출입 시설까지 관통하는 4개의 통로들과 상하만 연결하는 3개의 통로들이 있는데, 관통하는 4개의 통로 중 중앙 2개 통로에는 광장이 만들어졌다. 보행로의 너비는 6미터이고 아치 모양의 천장 높이는 2.7미터이다. 바닥 마감은 흰색 타일, 천장은 흰색의 금속재이고 조명은 천장 양쪽 끝으로 형광등을 선형으로 배치하였다.

리모델링 후, 시설 폭과 보행로의 너비는 변동이 없고 상가와 통로의 배열도 리모델링 전과 같다. 세로축으로 교차되는 모든 통로의 중앙에는 마감재, 패턴, 형상 등 디자인을 각각 달리한 광장들이 새롭게 만들어졌다. 수평 형상의 천장은 높이가 3미터로 높아졌고 바닥 마감은 흰색 인조석, 천장은 갈색과 흰색의 암면흡음판을 사용하였다. 조명은 LED 광원을 사용하여 대각선, 직선, 곡선, 점 형태 등 다양한 디자인으로 구성하였다.

물리적인 변화 ; 상가

최초 시설의 점포 기본 모듈은 12.6제곱미터(3×4.2미터)였다. 개장 당시 점포는 총 221개이었는데, 그 이후 점포들이 2개로 분할 운영됨으로써 408개까지 증가되었다. 전용면적 기준으로 점포의 최소면적은 10.8제곱미터, 최대면적은 228.15제곱미터로 나타났다.

리모델링 후 시설의 점포 기본 모듈을 25.2제곱미터(6×4.2미터)로 증가되었고 점포 총 개수는 40퍼센트 이상 줄어 233개가 되었다. 전용면적 기준으로 점포의 최소면적은 12.6제곱미터, 최대면적은 101.1제곱미터이다.

물리적 측면 소결

시설의 객관적인 수준을 확인하기 위해 2005년 제정된 '지하공공보도시설의 결정·구조 및 설치기준에 관한 규칙'에 있는 기준들과 비교해 보았다. 최초 시설은 부합하는 항목이 17개 중 9개로 52.9퍼센트의 충족률로 나타났다. 리모델링 이후에는 출입요소[에스컬레이터, 엘리베이터, 출입구 캐노피]와 보행요소[광장]의 개선이 이루어져 82.3퍼센트인 14개 항목이 충족되고 있다. 리모델링을 통해 시설의 연면적, 기타면적, 순면적이 각각 9.2퍼센트, 10.4퍼센트, 4.7퍼센트 증가하였는데, 이에 따라 보행로는 8.4퍼센트, 특히 광장은 44.4퍼센트의 면적 증가가 이루어졌다. 가장 극적인 변화는 출입구와 상가에서 나타났다. 먼저 출입구에는 에스컬레이터 8대가 신설되었고 엘리베이터도 두 대가 설치되어 출입의 편의성이 크게 개선되었다. 상가는 총면적이 267제곱미터 감소하고 개수 또한 175개나 줄어들어 결과적으로 평균상가면적을 13.5제곱미터에서 22.5제곱미터로 66.7퍼센트 증가시켰다. 또한 기타면적의 증가는 화장실[116제곱미터], 종업원휴게실[13.5제곱미터], 놀이방/수유실[55.9제곱미터], 지하주차장 고객휴게실[142.4제곱미터]의 확충으로 이어졌다.

최초 시설에 대한 사용자 만족도

최초 시설의 이용자를 대상으로 2007년 1월 10일부터 25일까지 설문조사를 하였다. 피설문자는 73명이었는데 여성[69명]이 남성[14명]보다 다섯 배 정도 많았고 연령대는 10대[11명], 20대[48명], 30대[14명], 40대[9명], 50대 이상[1명]으로 구성되었다. 사용자의 만족도[5점 만점]는 매우불만[1]-불만[2]-보통[3]-만족[4]-매우만족[5]으로 측정하였다.

기술성능[8개 인자] 만족도 평균은 3.05, 기능성능[8개 인자] 만족도 평균은 3.38, 행태성능[12개 인자] 만족도 평균은 3.05로 나타났다[기능>기술=행태]. 28개 인자의 전체 만족도 평균은 3.14[표준편차 0.45] 이었는데, 표준편차 보다 높은 만족도는 '위치, 출입, 인지성' 인자들이었고, 그보다 낮은 만족도는 '공기 환경, 어메니티, 시간감' 인자들로 나타났다. 전체적으로 가장 높은 만족도의 인자는 '위치[4.35]', 가장 낮은 만족도의 인자는 '시간감[2.1]' 이었다. 참고로, 28개 인자는 다음 글 '일본의 지하'에 표로 정리해 놓았다.

리모델링 후 시설에 대한 사용자 만족도

리모델링 후의 이용자를 대상으로 2018년 3월 19일부터 4월 6일까지 설문조사를 하였다. 피설문자는 70명이었는데 여성[46명]이 남성[24명]보다 두 배 가까이 많았고 연령대는 10대[14명], 20대[32명], 30대[11명], 40대[12명], 50대 이상[1명]으로 구성되었다.

기술성능[8개 인자] 만족도 평균은 3.48, 기능성능[8개 인자] 만족도 평균은 3.73, 행태성능[12개 인자] 만족도 평균은 3.23로 나타났다[기능>기술>행태]. 28개 인자의 전체 만족도 평균은 3.44[표준편차 0.57]

이었는데, 표준편차보다 높은 만족도는 '화장실 위생, 위치, 출입' 인자들이었고, 그보다 낮은 만족도는 '공기 환경, 시설 위생, 이동성, 시간감, 다양성, 이미지, 조명 아름다움' 인자들로 나타났다. 전체적으로 가장 높은 만족도의 인자는 '화장실 위생4.34', 가장 낮은 만족도의 인자는 '공기 환경2.31' 이었다.

만족도 비교

전체 28개 중 17개60.7퍼센트 인자는 리모델링 후에 만족도 평균이 상승하였고 한 개는 동일하였으며 10개35.7퍼센트는 하락하였다. 리모델링 후에 만족도 평균이 큰 폭0.5 이상으로 상승한 인자는 '빛 환경, 열 환경, 화장실 위생, 화재 안전, 유지관리, 표지 시스템, 어메니티, 시간감, 천장 아름다움, 통로 아름다움'으로 나타났다. 특히 '열 환경, 화장실 위생, 표지시스템, 어메니티, 통로 아름다움'은 만족도 평균이 1.0 이상으로 대폭 상승하였다. 반면에 리모델링 후에 0.5 이상 만족도 평균이 하락한 인자는 '이동성'이 유일하였다.

최초 시설에 대한 사용자 요구사항

가장 두드러지게 나타나는 불만 사항은 열악한 실내환경 35.7퍼센트50명, 디자인 부족 27.1퍼센트38명, 안전 불안 17.1퍼센트24명, 공간협소와 복잡 7.86퍼센트11명, 상가수의 과다 7.1퍼센트10명 등으로 나타났다. 실내디자인은 개성과 특징41.3퍼센트45명을 가장 많이 원하였고 그다음으로 밝고 경쾌함 27.5퍼센트30명, 화려와 세련 18.3퍼센트20명, 통일과 안정 10.1퍼센트[11명] 순으로 요구하였다.

이동에 대한 불편 사항은 방향감 부족 44.2퍼센트[38명], 계단의 단수가 너무 많음 25.6퍼센트[22명], 표지판 문제 18.6퍼센트[16명], 좁은 통로 3.5퍼센트[9명] 등이었다. 상가의 개수는 전체적으로 많음이 30.1퍼센트[25명], 적당하거나 많지 않음이 69.9퍼센트[52명]로 나타났다. 복수로 응답받은 보강이 필요한 시설에 대해서는 표지판/안내도 16.5퍼센트[35명], 휴게의자 16퍼센트[34명], 휴지통 15퍼센트[32명], 나무/식물 14.2퍼센트[30명], 만남의 광장/음수대 12.3퍼센트[26명], 화장실 10.4퍼센트[22명] 등으로 나타났다. 즉, 기능성능 관련 요소들이 많이 요구되었다.

리모델링 후 시설에 대한 사용자 요구사항

리모델링 후에는 온습도 불만[열환경 2.78→3.84]과 화장실 불만[화장실 위생 3.08→4.34]이 대폭 개선되었다. 또한, 관리 및 운영 미비로 인한 문제점[유지관리 3.1→3.67], 만남의 광장과 나무/식물로 대표되는 어메니티[어메니티 2.66→3.93], 그리고 표지판/안내도에 대한 불만도 대폭 개선되었다[표지시스템 2.75→4.01]. 소음[음환경 3.05→2.9]과 환기[공기환경 2.45→2.31]에 대한 불만은 여전하였다.

계단의 단수는 변화가 없는 상황에서 출입 만족도는 상승하였다[3.89→4.14]. 이는 에스컬레이터가 설치되어 출입이 훨씬 쉬워진 때문이다. 이동성 만족도는 크게 하락하였는데[3.39→2.7], 이는 여성들의 이동에 불편한 영향을 강하게 주는 경질 바닥재 마감이 주된 원인이라고 판단된다.

천장 아름다움이 2.98에서 3.89, 통로 아름다움이 2.96에서 4.01, 상점 아름다움이 3.19에서 3.37 등으로 시설 디자인과 관련된 문제들은 대폭 개선되었다. 시간감 인자는 2.1에서 2.67로 상승하였지만, 리모델링 전과 후에서 동일하게 평균 만족도의 표준편차 이하 값이 나왔다. 이미지 인자는 2.71에서 2.66으로 비슷하게 나왔고, 시설의 기본 골격이 변하지 않았기 때문에 길찾기, 개방감, 명료성 등 방향감 관련 인자들도 변화가 없었다.

궁금점들

연구하다 보면 당연히 궁금한 점들이 생겨난다. 그중에서 대표적인 두 가지를 소개한다.

"어디를 개발하면 좋을까?"

첫 번째 궁금점은, 일례로 서울시를 생각한다면, 지하공공보도시설 더 나아가 네트워크식 지하공간 개발에 대한 객관적인 우선순위를 어떻게 정할 수 있을까이었다. 즉, 지하공간 개발은 지하철역을 중심으로 이루어질 수밖에 없는데 수많은 지하철역 중에서 어디를 먼저 개발하는 것이 합리적인가에 대한 궁금함이었다.

이 궁금함을 풀기 위해 다기준의사결정을 사용하였다. 동시에 이 과정에서 평가 기준의 속성에 따라 가중치를 부여하고 각 평가 기준에 대한 정규화 변환을 통해 분석하는 가중점수법을 도입하였다. 개발은 수요가 있거나 그것을 창출할 수 있을 때 일어난다. 따라서 수요 측면에서의 인자들을 먼저 살펴보아야 한다. 또한 수요가 있더라도 공급할 수 있는 대상지의 환경이 어떤지를 확인하는 것도 중요하다. 마지막으로 수요 인자와 공급 인자의 정량적인 수치로는 나타나지 않는 정성적인 요인들을 고려하는 것도 필요하다. 이상의 과정을 거치면 지하철 역세권 지하공간 개발에 대한 요구 강도를 도출할 수 있다고 판단하였다.

먼저 지하철 역세권에서의 개발 수요 측면 인자들은 유동인구, 공시지가, 개발밀도로 추출하였고 이것들의 중요도 순위를 유동인구 〉 공시지가 〉 개발밀도로 정하였다. 다음으로 공급 측면 인자들은 지상 도로의 폭, 지상 도로의 형상, 지하철 노선과 같은 도로 하부 조건으로 보고 이것들의 중요도 순위 또한 지상 도로 폭 〉 지상 도로 형상 〉 도로 하부 조건으로 정하였다. 이때 수요와 공급의 인자들은 측정 단위가 모두 다르므로 단위를 통일하는 정규화 과정이 필요하다. 또한 중요도에 따른 가중점수의 부가도 해야 한다. 마지막으로 해당 지역에서 서울시가 수립한 개발계획들의 여부와 집객 요소들을 파악하여 정성적인 점수로 부과하였다.

이러한 과정을 거친 결과, 〈강남역, 삼성역, 서울역, 잠실역,

종각역가나다 순〉이 서울에서 지하공간 개발에 대한 요구의 강도가 가장 높은 역세권으로 검출되었다.

"성공 요인과 실패 요인은?"

전국에 상업 기능이 포함되어 운영되는 지하공공보도시설이 74개소 정도 되는데 어떤 곳은 잘 되고 다른 곳은 그렇지 않은 이유가 뭘 까도 궁금하였다. 이 궁금증을 풀기 위한 방안으로 이러한 가설을 세웠다. "지하공공보도시설이 성공하기 위해서는 세련된 최신의 시설, 상가들의 여유로운 배치, 널찍한 통로와 광장의 보유, 출입과 피난이 쉽도록 출입구들의 다수 설치, 충분한 주차대수의 확보, 풍부한 어메니티 시설의 조성 등이 필수이다."

시설의 물리적인 수준을 강조한 이 가설의 참/거짓을 판명함으로써 지하공공보도시설의 성공 요인과 실패 요인에 대한 실마리를 풀고자 하였다. 그런데 부산과 대구에 있는 13개의 지하공공보도시설들을 대상으로 평가한 결과는 가설의 기각, 즉 거짓으로 나타났다.

가설 검증을 위해 준공연도/개보수연도, 평균상점 면적, 총통로 비율, 광장/상가 면적비, 지하보도 폭, 출입구당 순연면적, 주차대수당 순연면적, 어메니티 등의 요소에 대한 순위를 평가하였고, 이러한 시설 요소들의 종합순위와 상가들의 활성화 정도를 비교하였다. 상가의 활성화 정도는 임대료, 유동인구, 연결도인접건물, 지하철, 버스, 상가의 영업률 등 네 가지를 고려하였다.

시설 요소의 상위 3개 순위는 대구 메트로프라자, 대구 메트로센터, 대현프리몰 대구로 나타났지만, 활성화도의 상위 3개 순위는 부산 서면지하도상가 서면몰, 대현프리몰 대구, 부산 서면지하도상가 중앙몰로 나타나 둘 사이의 관련성은 매우 약한 것으로 판단되었다. 즉, 건축가들이 그렇게 주장하고 싶듯이, 시설 요소를 과도하게 강조하고 기대해서는 안된다는 것이다.

| 일본의 지하 |

"뭐 볼게 있어서 좋아하는 거 진짜 사랑 아닙니다.
뭐 볼게 없어서 사랑하지 않는 거 아니라는 뜻입니다." _이승우(2017)

1995년 나의 일본 첫 방문은 끝[후쿠오카]에서 끝[삿포로]까지 11개 도시의 지하가들을 조사하는 것이었다. 당시 오사카는 특별히 주목할 만한 내용이 없었다. 디아모르[Diamor]는 오사카 다이아몬드라는 이름으로 막바지 건설 중이었고 크리스타나가호리[CrystaNagahori]는 한창 건설 중이라 잊는지조차 몰랐다.

언젠가, 국제학술대회에서 일본 교수가 발표하는 사례를 보며 충격을 받는 사건이 발생했다. 그 사례가 바로 크리스타나가호리였는데, 거대한 천창[skylight]이 도로 한 가운데로 율동감 있게 솟아오른 모습은 그때까지 보지 못한 강렬한 이미지였다. 2002년 드디어 완공된 디아모르와 크리스타나가호리를 볼 수 있는 기회가 왔다. 이 시설들은 지상 도로의 조정을 통해 천창의 설치가 가능하다는 것과 차로 또한 공공 지하공간의 질에 기여하면서 도시의 활력소가 될 수 있다는 것을 증명하고 있었다.

한국의 지하상가와 일본의 지하가. 비슷한 이름의 시설이 각 나라에 있지만, 이름만 유사할 뿐 달라도 너무 다른 수준의 차이를 느꼈다. 지하공간을 남용해온 그동안의 국내 실정도 안타까웠고, 바람직한 공공 지하공간의 조성을 위한 혼신의 노력이란 바로 이런 모습이 아닐까 인상 받았던 것이다.

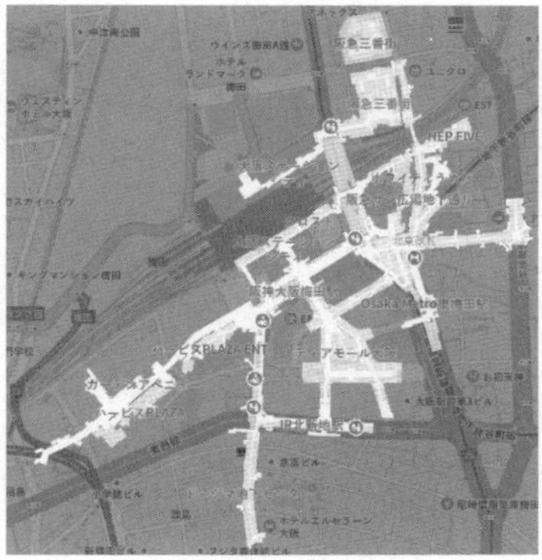

오사카역 주변
(모든 지도 출전:yahoo.co.jp)

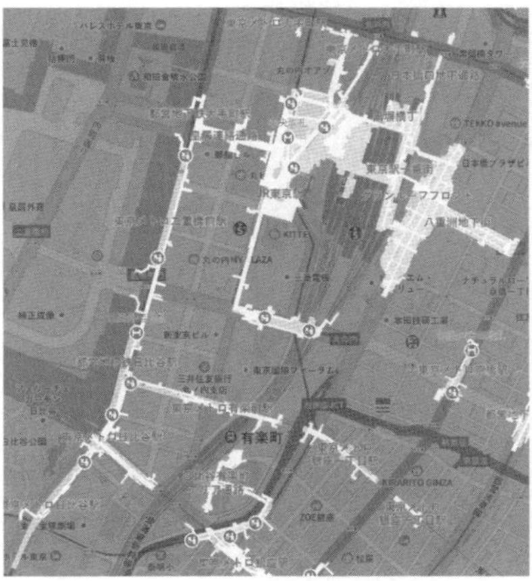

도쿄역 주변

삿포로역 주변

신주쿠역 주변

아직도 도로 위에 천창의 설치가 불가능하다고 판단하는 관계자들이 있다면 이 사례들을 잘 살펴봐달라고 당부드린다. 지금까지 일본을 여러 차례 방문하면서 지하가들을 유심하게 보았는데, 일본 전역에서 제일 활성화된 곳은 도쿄, 요코하마, 오사카, 고베, 나고야, 후쿠오카, 삿포로 등 일곱 개 도시로 판단되었다.

일본 4개 지하가 이용자 설문조사

2008년 지하가들에 대한 조사를 위해 다시 일본을 찾았다. 제자들찬, 인욱, 지원과 함께 시설조사를 하고 점포들을 돌며 총 120명의 종업원들에게 짧은 일본어로 설문을 받던 수고와 보람은 아직도 소중한 추억으로 남아있다. 조사 대상 사례들과 특징은 아래와 같다.

대상지	개장연도	규모(㎡)	대형천창	설문자(명)
오사카 디아모르	1995	40,500	설치	36
오사카 크리스타나가호리	1997	81,800	설치	33
교토 제스트 오이케	1997	32,120	미설치	26
후쿠오카 텐진	1976/2005	53,270	미설치	25

총 28개의 기술, 기능, 행태 관련 요소들에 대한 일본인들의 응답은 다음 표와 같이 나왔다. 이 중에서 전체평균 만족도의 표준편차 밖에 있는 요소들은 긍정 요소 3개, 부정 요소 3개 등 총 6개로 나타났다. 긍정 항목은 '내부 공기 환경의 질과 시간감'이었고, 부정 항목은 '위치와 출입, 그리고 통로 폭'

으로 응답되었다.

성능	요소	만족도 평균
기술	내부 조명의 밝기는?	2.73
	내부 소음의 정도는?	2.73
	내부 공기의 맑기는?	3.48
	내부 온습도는?	3.27
	내부 위생 및 청결은?	2.66
	화장실의 위생 및 청결은?	2.79
	전체적인 공사 마무리는?	2.49
	화재 안전성은?	2.44
	평균	2.82
기능	접근성이 좋은 위치인가?	1.98
	지상으로 출입의 편리성은?	2.19
	천장의 높이는?	2.55
	통로의 너비는?	2.28
	전체적인 유지관리 상태는?	2.78
	내부 표지판 및 안내도는?	2.89
	내부 통행의 편리성은?	2.59
	내부 휴게공간 및 편의시설은?	3.13
	평균	2.55
행태	외부에서 쉽게 눈에 띄는가?	2.92
	내부에서의 길 찾기는?	2.82
	범죄 안전성은?	2.78
	내부공간의 개방성은?	2.49
	내부공간의 생김새는 파악하기 쉬운가?	2.77
	내부에서 시계를 보지 않고 시간의 변화를 알 수 있는가?	3.61
	내부공간은 다양하게 구성되었는가?	3.10
	내부에서 기억될만한 모양의 특징이 있는가?	2.95
	천장 디자인은?	2.63
	바닥 디자인은?	2.69
	상점 디자인은?	2.69
	조명 디자인은?	2.78
	평균	2.85
전체평균(표준편차)		2.77(0.35)

한국의 지하공공보도시설들에 대한 조사에서는 성능 중 '기능'이 제일 높고 '행태'가 제일 낮게 나온다. 그런데 일본의 지하가는 정반대로 '행태'가 제일 높고 '기능'이 제일 낮게 나왔다. 표에서 확인할 수 있듯이 행태성능은 사람의 지각, 인지, 선호와 관련되는 것이다. 따라서 행태성능의 차이는 작게는 시설물을 만드는 수준, 크게는 문명의 격차라고도 볼 수 있겠다물론, 조사 시점에서의 판단이다.

오사카시 지하이용가이드플랜

1986년 일본은 도로교통을 원활하게 하고 기능적인 도시활동을 확보한다는 관점에서 중심시가지 등의 지구를 대상으로 지하공간의 종합적 기본계획이라고 할 수 있는 지하이용가이드플랜 제도를 도입하였다. 도시계획법 제7조 4항에 근거한 이 계획은 지하 이용의 방향, 층별 이용원칙, 지하이용계획지구의 선정 등 토지이용계획 가이드라인을 제시하는 것이다. 오사카시는 1991년 12월 19일부터 지하이용계획수립위원회를 설치하여 일본에서 최초로 지하이용가이드플랜을 수립하여 운용하고 있다.

필요성

지하 암반은 지상에는 없는 강도, 강성 등에 관한 특질격리성, 내진성, 항온성, 차음성이 있기에, 그 성질을 필요로 하는 시설은 지하에 설치할 수밖에 없다. 또한 급속한 도시화에 따른 고도화될 도시기능과 도시 활동을 담아내기 위해 지하공간의 활용이 필요하다.

지하 이용의 방향

제한된 자원인 토지의 합리적이고 효율적인 이용을 위하여 원활한 도시 활동을 지원하는 기능, 즉 교통, 정보통신, 공급처리 등 흐름의 공간으로서 지하 이용을 추진하고 유기적인 교통 네트워크를 형성한다. 지하 이용의 효과를 보다 높이기 위해 공유지의 지하뿐 아니라 사유지를 포함한 종합적인 지하 이용을 추진한다. 도시공간의 어메니티 향상을 도모함과 동시에 이해하기 쉽고 여유로움과 활기가 넘치며 편의성과 안전성이 높은 지하공간을 형성한다.

지하공간의 층별 이용원칙

지하가, 지하통로, 지하광장, 지하주차장, 지하철도역 등 지상 부분과의 연결이 유효한 시설 및 각종 공급관 등은 지하의 얕은 심도에 배치한다. 간선 공급처리시설과 지하철도, 지하도로 등의 도시교통시설은 중간 및 깊은 심도에 수용한다. 지상부와의 연락 필요성, 보행량, 지상 도로 이용과의 정합성, 시설규모 등을 감안하여 도로의 기능과 구조, 지역의 형성, 지질, 토지이용현황 등을 고려하고 지하 이용시설 상호 교차 등을 충분히 고려해서 계획한다.

지하이용계획지구

토지의 고도 이용이 필요한 중심시가지 지구, 면적이 상당한 규모의 개발지이면서 토지의 고도 이용을 위해 지하 이용이 계획된 지구, 지하철도와 지하주차장 등 지하 교통시설 정비 등이 계획된 지구는 지하이용계획지구로 지정하여 운용한다.

| 지하 캠퍼스 |

"아이로만 살다 가려 하지 마세요.
성심으로 부모가 되어 보겠다는 것, 이보다
높은 기개를 나는 알지 못합니다."

국내 대학의 지하공간 개발은 크게 두 가지 이유에서 발생하였다. 하나는 캠퍼스 내로 차량들이 폭증하여 들어옴으로써 생기는 주차와 보차분리에 대한 요구이었고, 다른 하나는 교육·연구 환경 및 시대적인 변화에 따른 새로운 공간에 대한 요구이었다. 이미 지상은 이러한 요구들을 수용하기가 불가능한 상황이었다. 이러한 배경에서 일부 대학에서는 주차장 설치를 주목적으로 캠퍼스 지하공간에 대한 개발을 다음과 같이 시행하였다.

*동덕여자대학교, 1992년 / 지하 2층과 10,446제곱미터 규모/ 지하용도: 주차장, 체육관, 홀, 강당 / 지상용도: 운동장

*서강대학교정문 지역, 1997년 / 지하 3층과 10,560제곱미터 규모/ 지하용도: 주차장 / 지상용도: 광장, 녹지

*국민대학교, 2004년 / 지하 3층과 59,477.58제곱미터 규모/ 지하용도: 주차장 / 지상용도: 운동장

복합용도 캠퍼스 센터의 등장

대학생들에게 캠퍼스는 학습 활동과 더불어 문화 및 여가 활동, 더 나아가 생활의 장소로 중요한 역할을 담당한다. 예전에는 학생회관이라는 중앙집권적이고 단세포적 공간이 학생 사이의 커뮤니티 중심지 역할을 했다. 그러나 이제는 학생들의 높아진 문화 의식과 다양한 요구를 수용하기 위해 새로운 유형의 건물이 등장했다. 이른바 복합용도 캠퍼스 센터로, 이는 학습, 커뮤니티, 상업, 문화, 여가, 업무 및 행정지원 활동들을 모두 담은 신개념의 캠퍼스 건물이다.

고려대학교 중앙광장

*공사기간 – 1999.6.30.~2002.3.5.
*규모 – 지하 3층 38,907제곱미터
*지하용도 – 주차장, 복합용도 캠퍼스 센터
*지상용도 – 광장

정문과 본관 사이에 있던 기존 대운동장150×100미터을 없애고 지하는 주차장지하 2,3층을 포함한 복합용도 캠퍼스 센터지하 1층, 지상은 중앙광장으로 개발하였다. 지상의 광장은 캠퍼스 중앙에 위치하여 모든 동선이 모이고 흩어지는 교차점으로서 다양한 형태의 소통이 이루어지고, 지하는 주변의 백주년기념삼성관, SK미래관, LG-POSCO경영관 등과 연결되고 있다. 지상을 보행자 천국으로 만들어주기 위해 차량은 지하로만 다니도록 하였다. 또한 지상에는 지하로 햇빛을 들여보내는 4개의 천창과 출입시설[계단실, 엘리베이터]들이 계획되었다.

경희대학교 푸른솔 문화관

*준공 – 2002년
*규모 – 지하 3층 20,632제곱미터
*지하용도 – 주차장, 복합용도 캠퍼스 센터
*지상용도 – 운동장

캠퍼스 남서쪽에 치우쳐 있는 경희남중·고등학교 운동장[128×68미터] 터에 주차장[지하 2,3층]과 복합용도 캠퍼스 센터[지하 1층]가 있는 푸른솔 문화관을 계획하고 지상은 다시 중고등학생들이 사용할 인조 잔디의 운동장으로 만들었다. 문화관은 대지의 높은 단차로 인하여 한쪽 면만 땅과 접하고 나머지 3면은 외기에 면할 수 있어 햇빛과 환기 조건에 유리하게 조성되었다.

고려대학교 하나스퀘어

*준공 – 2006.8.28.
*규모 – 지하 3층·지상 1층 28,155제곱미터
*지하용도 – 주차장, 복합용도 캠퍼스 센터

*지상용도 – 출입구, 광장, 녹지

고려대학교 자연계 캠퍼스의 과학도서관, 공학연구동, 산학연구동, 이과대학, 생명환경과학대학 건물들에 의해 3면이 둘러싸이고 북문으로 향하는 동쪽이 열린, 과거 주차장으로 사용되던 230×50미터 크기의 지상부를 녹지와 광장, 보행로로 만들어 보행자 천국을 조성하고, 지하는 주차장을 포함한 복합용도 캠퍼스 센터를 계획하여 하나스퀘어를 만들었다.

북문을 통해 들어온 학생들은 도로에서 5미터 정도 낮은 동측의 선큰 마당으로 내려감으로써 하나스퀘어로 들어간다. 캠퍼스 내부에서는 중앙의 광장을 중심으로 양쪽에 설치된 출입시설을 통해 출입한다. 두 곳의 아트리움과 선큰 마당은 하나스퀘어의 출입 공간이면서 동시에 지하공간에 햇빛과 바람을 들여보내는 역할도 담당하고 있다. 지상으로 솟아 올라와 있는 아트리움은 이곳이 출입부라는 것을 자연스럽게 알려준다. 또한 북동쪽의 5미터 단차를 이용하여 보행자와 차량을 완전히 분리하고 있다.

학생들의 출입이 주로 이루어지는 동측에 지하 대열람실을 배치하고 그 주변으로 학생자치 공간들을 두었다. 산학연구동과 가까운 서측은 행사, 연회, 전시 등의 행사를 할 수 있는 컨벤션홀이 주 용도이다. 동과 서를 연결하는 중앙에는 안내, 서비스, 보건소, 서점, 카페 등을 배치하여 양쪽에서 함께 이용할 수 있도록 하였다.

한양대학교 행원파크

*준공 - 2007년
*규모 - 지하 3층 24,853제곱미터
*지하용도 - 주차장, 복합용도 캠퍼스 센터
*지상용도 - 광장

행원파크는 캠퍼스 동쪽의 한양대학교 경영관과 한양여자대학교의 전산관 및 교수연구동으로 둘러싸인 90×93미터의 부지에 주차장지하 2,3층과 복합용도 캠퍼스 센터지하 1층로 개발되었다. 한양대학교와 한양여자대학교의 경계부에 위치하고 있어 두 대학 구성원들이 공동으로 이용하고 있다. 광장으로 조성된 지상에는 지름 36미터의 원형 선큰 마당이 조성되었는데 이용자들은 선큰 마당에 설치된 양방향 옥외 계단을 사용해 지하로 출입할 수 있다. 계단과 접하여 선큰 마당을 관통하는 보행교를 대칭으로 설치함으로써 보행자 동선을 편하게 하였고 경영관으로 향하는 강한 축이 형성되고 있다. 지상에는 보행로, 녹지, 노천무대 등과 지하층과 연결하는 2개의 출입시설계단실, 엘리베이터이 계획되었다.

지하공간은 중앙의 선큰 마당을 중심으로 ㅁ자 구성을 하고 있다. 지하로 내려오면 선큰 마당은 40×40미터의 정사각형 모양으로 변한다. 이 마당에 3개의 출입구를 두었는데, 남쪽은 식당, 북쪽은 실내골프연습장, 동쪽은 학습연구시설과 통하도록 의도하였다. 13미터의 단차로 인하여 서쪽을 제외한

3면이 외부로 노출되어 있어 채광 및 환기에 유리한데, 땅속에 묻혀 있는 서쪽부에는 천창을 두어 햇빛을 들여오고 있다.

복합용도 지하 캠퍼스 센터는 인접 건물들과 원활하게 연결되고 있다. 북측 로비에서는 경영관 지하 1층과 통하고, 동측에는 연결통로를 2개 층1층과 지하 1층으로 만들어 교수연구동과 연결하고 있다. 남측 로비에는 길 건너 40미터가량 떨어져 있는 410동 지하와 연결되는 통로를 설치하였다.

이화여자대학교 이화캠퍼스복합단지(ECC)

*공사기간 – 2005.5~2008.5
*규모 – 지하 6층·지상 1층 68,657제곱미터
*지하용도 – 광장, 주차장, 복합용도 캠퍼스 센터
*지상용도 – 녹지

예전에 이화여자대학교는 경의선 철로 위에 놓인 다리이화교를 건너서 들어가게 되어있었다. 다리를 지나 교문을 통과하여 조금 걷다 보면 오른쪽으로 경관이 확 트인 곳이 나타났는데 바로 인적이 없는 마사토의 대운동장이었다. 거칠고 삭막한 이 두 곳이화교와 대운동장이 섬세한 손길을 통해 캠퍼스의 경관과 기능을 완전히 바꾸어 놓으며 재탄생되었다. 마치 개발은 이렇게 하는 것이고 건축의 존재 이유 또한 이것 때문 아니겠냐고 웅변하는 듯이 말이다.

먼저 2004년 이화교를 없애고 철로 위로 인공대지를 조성하였다. 이 공사이화과선교 주변 복개 공사를 통해 약 12,231제곱미터의 부지가 새로 생겼고 전면지역에서 캠퍼스로의 끊김 없고 쾌적한 접근이 가능하게 되었다. 이로써 대운동장을 개조할 기본 토대가 닦인 셈이다.

언제부터인지 ECC하면 이화여자대학교를 상징하는 건물이 되었다. 그만큼 추진과정부터 남달랐고 세간의 주목도 많이 받았다. 우선 건축가를 국제공모를 통해 선정하였다. 이는 지인 또는 동문 건축가를 선택하는 대학들의 당시 관행과는 다른 것이었다. 공모 결과 건축가로 페로Dominique Perrault가 뽑혔다. 그는 대표작인 프랑스 국립도서관을 통해 이미 세계적인 명성을 얻고 있었다.

페로가 설계한 ECC는 남북 길이 264미터로 정문에서 본관까지 직선으로 이어지면서 그동안 국내 대학에서는 전혀 볼 수 없었던 시각 축과 건축적 풍경을 만들어 내었다. 본래 완만한 경사지였던 대지를 파내어 만든 계곡을 캠퍼스 밸리라고 이름 붙이고 그 밑으로 2개 층, 양옆으로 4개 층을 계획하여 전체 건물을 완성하였다. 이로써 지하 레벨인 캠퍼스 밸리에서 지상의 가로에서 보는 것처럼 건물들을 경험하게 하였다. 폭 20미터인 캠퍼스 밸리에 서면 어디로 가야할 지 방향을 확실히 잡을 수 있고, 위로는 하늘, 양쪽으로는 4층 높이의 건물들이 공간의 집중도를 높이는 동시에 시각적 안정감을 충분히 느끼게 한다.

캠퍼스 밸리는 ECC 설계의 핵심 개념이면서 강력한 통행로이므로 건물은 지하 4층을 중심으로 그 아래는 주차장이 있고 그 위로는 복합용도 캠퍼스 센터가 펼쳐지고 있다. 건물의 옥상부, 즉 지상은 목가적 자연경관을 만들 목적으로 녹지를 조성하였다.

서강대학교 곤자가플라자

*준공 – 2008.8.25.
*규모 – 지하 3층·지상 1층 6,734제곱미터
*지하용도 – 주차장, 복합용도 캠퍼스 센터
*지상용도 – 광장

정문과 달리 서강대학교 후문 일대는 주차장과 정비되지 않은 빈 땅, 그리고 심한 경사와 옹벽 등으로 어수선하고 단절된 환경을 가지고 있었다. 대학은 이러한 캠퍼스 환경의 개선과 부족한 시설을 확충할 목적으로 중앙의 운동장을 중심으로 동측에 자리하고 있는 163×50미터의 후문 영역에 지하 캠퍼스 센터를 개발하였다. 계획 대지는 후문에서 운동장 방향으로 표고가 높아지면서 동서 방향으로 10미터 이상, 남북 방향으로 8미터 이상의 높이 차이가 나는 경사지이다.

지하 캠퍼스 센터는 인근의 곤자가 국제학사와 함께 계획하면서 이러한 지형을 효율적으로 이용하였다. 즉, 차량이 들고 나는 것을 국제학사 하부를 관통하는 주차장 진출입로를 통해서 해결한 것이다. 또한 지형이 낮은 동쪽은 외기에 면하게 하여 자연스럽게 햇빛과 바람이 통하도록 하였고 완전한 지하공간인 서쪽에는 천창들을 설치하여 햇빛을 받아들였다. 지상 공간은 경사지의 특성으로 지하 1층에 진입광장을 만들어 주변 건물과 들고나는 결절점을 조성하였고 1층에는 지하로 접근하는 출입시설과 함께 천창과 조경이 있는 휴게공간으로 만들었다. 곤자가플라자는 주차장 외에 푸드코트, 식당, 서점, 카페 등 임대 용도로만 구성되어 학내 구성원은 물론 인근 지역에서도 이용할 수 있다.

가천대학교 비전타워

*공사기간 – 2007.10~2010.10.

*규모 – 지하 4층·지상 7층 69,431제곱미터

*지하용도 – 주차장, 복합용도 캠퍼스 센터, 광장

*지상용도 – 광장, 조경, 교육연구시설

가천대학교 캠퍼스의 서측을 제외한 3면은 대부분 동측의 영장산 자락에서 내려오는 녹지에 둘러싸여 있고 서측에는 캠퍼스로 출입하는 유일한 도로인 성남대로가 있다. 남쪽 끝에는 지하철 경원대역이 인접해 있어서 캠퍼스로의 접근성을 높이고 있다.

비전타워는 주변 지역과 직접 연결되는 A구역과 학생들을 위한 공간인 B구역으로 구분된다. 지하철역과 직접 연결되는 A구역의 지하는 4개 층인데, 지하 4층 주차장, 지하 3층 상업시설·주차장·시민광장지하철역에서 들어옴, 지하 2층 상업시설·주차장, 지하 1층 문화시설·상업시설·주차장 등으로 구성된다. 정문에서 본관 앞까지의 영역에 위치하며 캠퍼스 센터의 역할하는 B구역의 지하는 2개 층인데, 지하 2층 주차장, 지하 1층 학습연구·학생활동·생활복지·강당·광장 등으로 구성된다. 물론 A구역 지하 3층의 광장과 B구역 지하 1층의 광장은 동선의 흐름 속에서 자연스럽게 접속된다.

연세대학교 백양누리

*공사기간 – 2013.8~2015.8.
*규모 – 지하 3층 58,742제곱미터
*지하용도 – 주차장, 복합용도 캠퍼스 센터
*지상용도 – 보행로 및 광장

캠퍼스를 세우면서 최초로 만들어진 백양로는 아름다운 이미지의 이름과는 다르게, 예전에는 차도가 중앙에 일직선으로 있고 좌우에 보도가 위치하는 보차혼용의 지루하고 따분한 도로로서, 권위주의 시대 자가용을 타고 다니는 사람이 좋아할 만한 전형적인 모습이었다.

백양누리는 캠퍼스의 상징인 백양로를 학생 중심, 보행자 중심으로 완전히 재창조하는 사업으로 진행되었다. 즉, 캠퍼스 정문부터 길게 뻗어있는 백양로 550미터 중 380미터 구간에 65~82미터의 폭으로, 지상에는 보행로, 광장, 조경, 천창 등을 조성하고 지하에는 주차장과 복합용도 캠퍼스 센터를 선큰 광장과 함께 지었다. 지상 360미터 길이의 백양로 구간을 자연, 자유, 진리로 3등분하여 조경을 가꾸었고, 지상의 천창들을 통해 빛이 들어오는 새로운 지하공간은 캠퍼스에서 가장 접근이 쉬운 중앙도서관과 학생회관 사이에 위치시켜 그 안에 교육, 문화, 행사, 상업, 행정 등의 공간을 담았다.

복합용도 캠퍼스 센터는 지하 2층까지 조성되었고사실 지하 2층이 주인공이다 주차장을 지하 2, 3층에 배치하였다. 따라서 지하 2층이 커다란 진입광장을 중심으로 복합용도 캠퍼스 센터와 주차장이 나란히 위치하는 핵심층이 되고 있는데, 이는 입체적인 사고가 바탕이 된 발상의 전환으로 높이 평가할 만하다.

도쿄대학교

중앙식당

도쿄대학의 유서 깊은 혼고本郷 캠퍼스에는 국가의 등록 문화재이자 1968년 도쿄대 투쟁으로 유명한 야스다安田 강당이 있다. 이 강당 앞에 있는 원형의 광장 밑에는 1976년 개장한 중앙식당이 지하 2층과 2,352제곱미터의 규모로 위치하고 있다. 지상에서는 광장에 위치한 2개의 출입구를 통해 식당의 접객 층인 지하 1층에 다다르고, 거기서 다시 계단을 통해 주 식당이 있는 지하 2층으로 내려간다. 지하 2층의 3면 벽에는 출입구들을 설치하여 주변의 건물에서도 직접 들어올 수 있도록 하였다. 지하 2층을 지하 1층보다 훨씬 넓게 만들어서 자연스럽게 지하 2층의 주변부는 높은 천장고를 갖게 되고 쾌적한 식당 공간이 만들어지고 있다.

고텐시타 기념관Gotenshita Memorial Arena, 御殿下記念館

대학의 백 주년1877~1977 기념사업으로 동문들이 후원하여 완성한 이 건물은 건축의 외부공간이라는 책으로 국내에도 알려진 요시노부 아시하라가 설계를 맡았다. 지상은 인조잔디 운동장이고 지하는 체육관 시설인데, 배구·농구·핸드볼·배드민턴·탁구 등이 가능한 45×35미터 크기의 실내경기장과 25미터 길이 6레인의 수영장 그리고 체력단련장으로 구성되고 있다. 또한 11미터 높이의 벽은 암벽등반을 할 수 있도록 조성하였다. 전체적으로 연면적 6,915제곱미터와 지하 3층, 지상 1층의 규모이고 지하로의 햇빛은 진입부 한쪽 면에 길게 설치된 선큰 공간을 통해 도입하고 있다.

후쿠다케 홀Fukutake Hall

베네세 그룹의 창립자인 후쿠다케 소이치로는 나오시마 아트 프로젝트를 시작한 인물로 한국에서도 낯설지 않은 이름이다. 널리 알려져 있듯이 그는 건축가 안도 다다오와의 협업을 통해 나오시마에서 많은 일을 성공적으로 수행하였다. 이 둘이 도다이東大에서 다시 만났다. 안도는 고졸의 학력으로 도쿄대 교수를 지냈고1997~2005 후쿠다케는 그런 안도를 건축가로 삼아 개교 130주년 기념 건물을 지어 기부한 것이다2008년 3월 26일 개관.

그런데 이 건물이 특이하다. 아카몬赤門바로 옆, 캠퍼스 경계에 위치한 대지는 극단적으로 길다. 폭은 15미터인데 길이가 100미터이다. 총 4층 규모인 건물은 지상 절반2층, 9미터, 지하 절반2층, 9미터으로 구성되고 있다. 지상 건물 높이를 10미터 이내로 제한한 이유도 예사롭지 않다. 혼고 거리에 면하여 열지어 서 있는 수령 100년 이상, 높이 30미터의 고목들을 훼손하지 않기 위해서란다. 그 결과 캠퍼스 밖에서 보이는 유서 깊은 풍경이 보존되고 있다. 그런데 더 인상 깊은 것은 캠퍼스 안에서의 풍경이다. 즉, 건축이 만들어 내는 낮고 강한 기하학적 선들 위로 고목들이 자아내는 높고 풍성한 자연의 선들이 어우러져 건축과 자연, 자연과 건축의 멋진 하모니가 울려 퍼지고 있는 것이다.

건물의 특이한 점은 또 있다. 캠퍼스에 면한 쪽으로 100미터 길이의 벽을 세운 것이다. '생각의 벽'이라 불리는 약 3.6미터 높이의 이 벽은 기존 캠퍼스와의 관계에서 구획, 구분의 의미를 지닌다. 이로써 건물이 땅을 열고 올라와 경계를 한정하는 건축적 풍경이 형성되고 있다. 벽을 통과해 건물 영역으로 들어가면 건축가가 교토의 삼십삼간당三十三間堂을 참조하여 만들었다는 긴 열주랑과 만난다. 열주랑 공간에는 쉼터와 함께 시원하게 뚫린 선큰 공간 속에 지하와 통하는 계단들을 정교하게 계획하여 소통을 담아내고 있다.

하버드대학교 / 미네소타대학교 / 미시간대학교

1970년대 중동전쟁의 결과로 불어닥친 석유파동은 세계경제를 얼어붙게 하였다. 특히, 최대 석유소비국이었던 미국이 가장 심한 타격을 받았는데, 그래서 당시 미국은 국가적으로 에너지 절약 건물 정책을 강력히 추진하였다. 이러한 시대적인 배경 속에서 하버드대학교 도서관, 미네소타대학교 윌리암슨홀, 미시간대학교 법률도서관 증축 등의 에너지 절약 지하 캠퍼스 건물들이 태어났다.

하버드대학교 도서관Pusey Library

퀸시와 하버드 스트리트가 만나는 모서리부는 하버드대학교의 여러 도서관이 모여 있는 구역이다. 퀸시 스트리트를 사이에 두고는 르 코르뷔지에의 카펜터 센터Carpenter Center for the Visual Arts가 마주하고 있다. 대학은 도서관들의 자체 네트워크를 확대하여 자료 보관 공간을 대폭 확충하면서 오래된 기존 지상 경관이 훼손되지 않도록, 1976년 이 모서리부에 새 도서관을 지하로 건축하였다.

미네소타대학교 윌리암슨 홀Williamson Hall

미국 중북부에 위치한 미네소타주는 겨울철 추위로 그 명성이 자자하다. 대학의 행정 사무실, 서점 및 출판부 용도로 1977년 건축된 윌리암슨 홀은 연면적 7,400제곱미터 중 95퍼센트의 부분이 지하에 위치하는데, 이렇게 한 것은 당연히 에너지 절약이 첫 번째 이유이다. 그런데 캠퍼스 마스터플랜 차원에서 보면 대학 내의 역사적인 경관을 보존하고 오픈 스페이스를 헤치지 않으며 기존 보행자 동선을 유지한다는 이유 등에서도 지하개발의 타당성이 있었다. 이러한 이유들로 건축상Progressive Architecture과 지역의 조경상을 수상하게 된다.

건축가David J. Bennett는 일반적인 지하 건물과는 달리 외부에서 건물의 존재를 확실히 알아볼 수 있게 설계하였다. 작은 라운지를 포함하고 있는 현관을 대지 모서리 부분에서 지상으로 돌출시킨 것이다. 또한 지하의 문제들을 해결하기 위해 접근성, 실내디자인, 자연채광 및 경관 요소들을 적극 고려하였다. 설계에 있어 쟁점이 된 또 다른 요소는 부지를 횡단하는 보행자 흐름을 유지하는 것이었는데, 선큰 광장 위로 기존 캠퍼스 도로와 연결되는 다리를 배치하여 창의적으로 해결하였다.

미시간대학교 법률도서관 증축Law Library Addition

미시간대학교 로스쿨은 1970년대 중반 공간 부족의 문제가 심각한 상황이 되었다. 그러나 기존 로스쿨 영역인 안뜰

Quadrangle에는 건물을 지을 더 이상의 공간이 없었으므로 대학은 특별한 도전을 결정하는데, 바로 지하로 들어가는 것이었다. 신중한 고려 끝에 건축가Gunnar Birkerts를 선정하고 1978년 공사에 착수하지만 열악한 지질 조건으로 공기가 지연되는 등 1981년 완공될 때까지 많은 난관을 해결해야 했다.

재단Graham and Rackham Foundations의 지원으로 '지하도시 시스템 연구'를 수행했던 건축가는 오랜 기간1974~77의 설계 끝에 높은 수준의 결과물을 창출하였다. 지하로 여러 방향에서 빛을 끌어들이고 빛 우물을 설치하여 가장 낮은 3층까지 빛을 떨어트렸으며 높은 천장과 개방형 구조를 채택하여 건물을 밝고 통풍이 잘되도록 한 것이다. 계단을 통해 지하로 내려가는 것이 어두운 저층으로 가는 것이 아니라 지상보다 밝은 공간을 경험하도록 하였다. 7,153제곱미터 규모의 이 건물은 당시 학장으로부터 미국 땅에 심겨진? 지하 건물 중 가장 미학적인 완성도가 높은 작품이라고 칭송을 받았을 뿐만 아니라 두 개의 건축상과 많은 건축 저널에서 찬사도 받았다.

미네소타대학교 토목·환경·지반공학 건물 (Civil, Environmental, and Geo-Engineering)

토목, 환경, 지반공학CEGE 건물은 1983년 완공되었다. 강의실, 실험실, 연구실 용도의 이 건물은 33.5미터 깊이의 지하에 연면적 14,000제곱미터의 규모로 건설되어 지하공간 조성의 다양한 설계 기술들이 실험되고 검증되는 좋은 선례이다. 이 건물의 설계에서 고려된 여러 기법들은 지하공간에서의 부정적인 심리적 반응들을 제거하는 데에 도움이 되었다.

CEGE는 엘리베이터를 타거나 계단을 통해서 지상에서 밑으로 내려가서 들어간다. 엘리베이터 홀은 선큰 광장이나 건물의 지상부를 통해 다다를 수 있다. 넓게 조성된 진입부에서는 건물의 여러 층과 다양한 레벨의 대지가 내려다보이고 지하로 자연채광도 이루어지고 있다. 나선형의 선큰 광장은 보행자를 건축물의 주출입구로 유도하고 엘리베이터는 3층 높이의 아트리움 속에 설치되어 시원한 공간감을 느낄 수 있다. 건물의 한 층이 지상으로 올라와 있는데 여기에 태양광 시스템을 설치하여 하이테크의 공학관 이미지를 표현하고 있다.

건물은 다음과 같이 공간감, 조망, 방향감을 주는 요소들을 채택하였다. 첫째, 3.3미터의 높은 천장과 유리 간막이벽을 사용하여 지하공간을 넓고 매력적으로 만들었다. 둘째, 붉은색의 온화하고 밝은 분위기를 가진 원통형의 대형 계단실이 위로 개방되어 하늘을 볼 수 있다. 계단실은 자체로 각 층에서 방향의 참조점이 될 뿐만 아니라 중심부의 열린 공간을 통해 최하층부터 지상까지 강한 수직의 방향성을 구축한다. 따라서 계단을 통해 건물의 상황을 살필 수 있고 소리를 들을 수 있으며 공기를 공급하여 유사시 피난 수단으로 사용할 수 있다. 셋째, 잠망경 원리의 장치Ectascope를 최하층에 설치하여 지하에서 바깥 풍경이 확인될 수 있도록 하였다. 그러나 이 장치는 시점 및 시각의 변화에 따른 다양한 경관을 제공하지는 못한다.

CEGE의 내부는 지상 계단실과 대형 실험실 벽 위쪽에 설치된 창들을 통해 자연광이 들어오고 있다. 또한 일부 공간에는 태양광 추적 시스템을 통해 햇빛이 유입되고 있다. 옥상에 위치한 태양광 반사 장치가 컴퓨터로 제어되어 태양 궤적을 따라 움직이는데, 태양광을 지붕 위의 거울에 반사시키면 통로의 렌즈를 통해 빛이 지하로 떨어진다. 한편, 이곳에서 자연광 특성의 조명과 일반 형광등을 비교하여 실험한 결과 자연광 특성의 조명이 심리적, 생리적으로 더 유용하다는 것이 증명되었다. 실내는 지하의 부정적인 이미지를 완화하기 위하여 따뜻한 색으로 마감되었고 자연을 담은 사진들이 곳곳에 배치되었다.

건물 최하층에서의 피난은 양방향으로 계획되었고 양쪽 끝에 외기가 공급되는 실들을 배치하여 유사시 활용할 수 있도록 하였다. 건물은 에너지 절약 차원에서 미네소타주가 적극적으로 지원하였고 그러한 이유로 건물의 95퍼센트가 지하에 위치한다. 건물의 삼분의 일 부분이 지하 24~30.5미터에 배치되어 일정한 열 환경이 유지되고 있고 난방 능력의 향상을 위해 대지 남쪽에 물로 채운 축열벽을 설치하였다.

| 지하 주거 |

"쇠는 쇠에 대고 갈아야 날이 서고
사람은 친구와 비비대며 살아야 다듬어집니다."

야오동

야오동(窯洞)은 중국에서 발달한 지하의 주거 형식이다. 황하 중류 지역 4천만 명의 주민들이 살고 있는 야오동은 황토고원의 들이나 평탄한 구릉 지대에 대지를 6에서 10미터 파 내려가 사방 10미터 정도의 지하 마당을 만들고 그 마당에서 네 면의 벽으로 공간을 파내어 거주하는 형식이다. 땅 위에 세울 건축 재료가 필요 없고 단순 노동력으로 조성할 수 있어서 서민들이 애용했는데 당연히 여름에는 시원하고 겨울에는 따뜻하다.

일본건축학회에서는 1981년부터 중국 전역의 야오동을 조사하였는데, 조사단 중에 열혈단원이었던 야시로 가추히코는 도쿄의 주거환경과 비교하며 이런 글을 남기고 있다.

> 야오동이 왜 그토록 매력적인가? 이 질문은 일본에 있을 때나 중국에서 만나는 사람마다, 때로는 그곳에 사는 주민들로부터도 받게 된다. 개인적인 해석이지만 야오동은 일

본의 도시주택문제를 해결하는 하나의 키워드와 같은 생각이 든다. 안도 다다오의 스미요시 나가야도 야오동 형식의 주거로 해석될 수 있다. 도시에서 창이란 이름뿐이고 실제로는 창을 전부 열어 사람의 눈을 의식하지 않고 느긋하게 휴식을 취하는 등의 경우는 바랄 수가 없다. 야오동은 중정이라고 하는 네모진 마당이 하늘로 열려있어 신선한 공기를 심호흡할 수 있는데, 도쿄의 경우는 창을 닫으면 질식 상태로 빠지게 된다.

땅 집

건축가 조병수는 땅 밑 공간을 깊이 주목한다. 아마도 국내 건축가 중에서 최초의 관심이 아닐까 싶다.

지하공간에 대한 그의 시선은 건축적 감수성이다.

관을 메고 산으로 올라갔는데 벌써 땅을 파놓은 거예요. 어쩌면 그리도 정갈하게 수직으로 90도 딱 맞게 파놓았는지! 땅의 단면이 깨끗하게 드러나 있는 것이 너무 멋진 거예요. 그 네모 반듯한 구덩이 속으로 관이 내려지고 덮여진 빨간 천 위로 뿌려지는 붉은 흙…… 땅을 파서 들어간다는 행위는 땅 위에 뭘 지어서 만드는 행위와는 굉장히 다른 것이죠. 아마도 인간의 내면 깊숙한 곳에 원래부터 가지고 있던 본능이 아닐까 싶어요.

그의 지하공간 아이디어는 감각적이고 현상적이다.

땅속의 구덩이 : 인간이 만든 가장 원초적이며 육감적인 공간으로, 이곳에 내려서면 시각적 표현 너머로 땅과 하늘에 대한 경험과 새로운 인식을 가능하게 한다.
땅속을 파고 부어 넣은 콘크리트 계단 : 땅과 거칠게 원초적으로 만나는 콘크리트 물성과 땅 밑으로 내 몸을 움직여 내려서는 공간에 대한 경험 작업이다.

15년 뒤 건축가는 땅 집에서 아이디어를 실현한다.

땅 아래 2.4미터를 내려가 올려다본 나무와 청명한 하늘의 느낌은 시각적이라기보다는 내 몸이 위치해 있고 닿아 있는, 몸으로 체험하고 인지하는 그 무엇일 것이다. 즉 이성적, 시각적 이해를 넘어서는 본질적이고 본능적인 경험과 인지의 차이일 것이다.

지하 100층짜리 집

지하에 대한 문학적 상상력의 역사는 3세기 가까이 된다. 이러한 상상력은 지금도 이어져서 이와이 도시오는 주인공이 지하 100층의 집으로 초대받아 가는 신나는 여정을 그림동화로 그리고 있다. 먹거리 재배, 목욕, 빨래, 조리, 교육, 수면, 주스 생산, 독서, 영화감상, 노래와 음악, 각종 놀이, 제빵, 의상,

실내정원, 도예, 분재, 찻집, 서예, 대나무 공예, 보석 가공, 식물 재배, 어류 양식, 화석 발굴, 금세공, 온천욕 등이 이 집의 지하 1층에서 지하 100층까지 다니며 만나는 지하의 삶이다.

| 도미니크 페로의 지하 건축 |

"이 세상의 꽃이란 꽃은 다 봉오리가 벙글고 활짝 피었다가 시들어 떨어지지만, 갈대꽃만은 활짝 핀 채로 시들지도 않고 떨어지지도 않고 그대로 말라 스산한 겨울 산천 속에서 소담스러운 꽃 무리를 이루고 있습니다." _조정래(2014)

파리에서 패션 공부를 했던 켈리 최는 졸업 후 파리를 떠나 뉴욕으로 가겠다고 결심한다. 그 이유는 자신들의 작업에 대해 몇 날 며칠이고 끊임없이 풀어대는 프랑스 패션계의 토론 문화에 도저히 적응할 수 없기 때문이었다고 한다.

패션이 이러할진대 프랑스의 건축은 어떻겠는가. 철학자 들뢰즈와 가타리, 그리고 데리다는 아예 '건축과 철학'이라는 책을 각각 저술하였고, 건축가 장 누벨과 사회학자 장 보드리야르 또한 건축의 특이한 대상을 주제로 대화를 진행하여 같은 이름의 책을 내놓았다.

도미니크 페로도 정통 프랑스 교육을 받은 엘리트이니 이러한 문화에 익숙한 건축가라고 볼 수 있다. 2014년 가을 그는 서울에서 강연을 하였는데, 감수성 넘치는 그의 이야기를 통해 그가 추구하는 지하 건축의 면모를 살펴보고자 한다.

경관

경관은 지형학의 또 다른 이름이다. 이탈리아 건축가 가베티와 이솔라Gabetti e Isola가 설계한 탈포니아Talponia는 매우 상징적인 작품으로 유명한데, 여기서는 자연이 건축적인 참조점으로 중요하게 다루어진다.

내가 제안한 이탈리아 살레르노Salerno에 있는 옥토퍼스Octopus 프로젝트는 노천 채석장에 위치하고 있다. 이 채석장은 더 이상 사용되지 않는 곳이다. 나는 현재의 지형을 이용한 대형 계단을 제안했고, 문어 다리의 형상을 채용하여 파괴된 지형들을 연결하였다. 자연 파괴로 형성된 채석장의 지형을 활용하여 원래의 지형을 수복하려고 한 것이다. 그 결과 옥토퍼스는 내부와 외부에서 행사와 음악회를 개최하고 주변 경관과 나폴리의 바다를 연결함으로써 환상적인 느낌의 멋진 무대를 가지게 되었다.

한국에서 작업하고 있는 기업연수원 프로젝트는 골프장 인근의 매우 멋진 대지에 위치하고 있는데, 여기서의 아이디어는 지형과 건축을 통합하는 것이었다. 지형에서 솟아오른 듯한 몇 개의 고리들로 기단과 테라스를 형성함은 물론 자연을 품고 있는 기념비로 구축하였다.

땅이라는 재료

땅을 건물의 재료로 사용할 수 있다. 이는 발상의 전환이 요구되는 중요한 생각이다. 땅을 재료로 사용하기 위해서는 강력한 힘이 필요하다. 땅을 파내는 것은 부드러움과는 거리가 먼 힘의 작용이지만 이는 좋은 힘이다. 나는 이러한 영감을 대지예술을 하는 하이저Michael Heizer에게 받았는데, 대표적인 작품이 이화여자대학교의 계곡 프로젝트이다.

이 프로젝트는 건축적인 것뿐만 아니라 도시설계의 전략도 포함해야 했다. 기존 캠퍼스와 주변 지역과의 교류를 확장하고 연결하는 것이 프로젝트의 주된 목표라고 생각했기 때문이다. 물론, 캠퍼스 경계부에 새로운 출입구와 건물들을 조성하여 이러한 목표를 성취하는 것도 좋은 해결안일 수 있다. 하지만 그러한 아이디어는 캠퍼스를 주변 지역과 더욱 분리시키는 측면이 있기에 나는 정반대의 접근을 시도하였다. 즉, 건물이 지상에서 사라지는 경관을 상상한 것이다. 그 결과 지하철역에서 캠퍼스 안쪽까지 이어지는 큰길을 조성하여 주변과 연결하고 자연스럽게 캠퍼스의 경계도 사라지게 하였다. 이렇게 대규모 지하공간을 조성하는 아이디어의 또 다른 장점은 장소, 특별히 기념비적인 공공의 장소가 자연스럽게 생겨난다는 것이었다. 그 결과 건물과 공원이 한꺼번에 성취되었다. 이곳의 공공장소는 도시의 상부구조와 하부구조와의 관계를 분명하게 보여주는 매끈한 조각의 모습으로 나타나고 있다. 지하의 특징을 활용하여 대형 우수재활용시스템을 설치하였다. 특히,

냉난방시스템은 지상의 공기를 건물 끝의 수직 통로로 보내어 조절하는 시스템으로 추운 겨울과 습하고 더운 여름을 겪는 서울에서는 아주 경제적이고 효율적이다.

다른 예로 여수의 문화시설인 예울마루가 있다. 이 프로젝트는 지형을 보전하면서 다양한 문화적인 프로그램을 수용하고 있다. 나는 크리스토와 장 클로드Christo and Jeanne-Claude의 울타리Running Fence가 보여주는 선의 이미지를 떠올렸다. 그리고 대지의 지형에 이 선을 대입하여 해결안을 도출하였다. 예울마루는 크게 두 부분으로 나뉘는데, 첫 번째는 사람들이 접근하기 쉬운 큰 계단 구조로 상부가 투명하게 개방된 산책로이다. 여기서는 각각의 층과 계단에서 전시장, 음악당, 강당 등으로 들어갈 수 있다. 두 번째 부분은 인근의 섬 정상에 전시관을 설계하여 이 둘을 하나로 엮는 것이었다이 부분은 이루어지지 않았다. 지하 건축을 다룰 때 공간과 빛이라는 두 가지를 반드시 유념해야 한다. 건축은 공간과 빛없이 존재할 수 없기 때문이다.

사라짐

베를린시는 2000년 새로운 밀레니엄 올림픽을 치르기 위해 경기장들을 건설하였는데 나도 벨로드롬 경기장과 수영장Velodrome and Olympic Swimming Pool 설계공모에 참여하였다. 내 아이디어는 경기 자체보다는 균형에 초점을 맞추었다. 나치 시대에 개최되었던 1936년 베를린 올림픽은 과장된 형태와 기념비적인 경기장을 뽐내었다. 그런데 나는 그와는 정반대로 건축 대신 화단을 조성하고 그 속에 원형과 사각형 모양의 금속재 테이블 두 개를 박아 넣는 개념으로 제안하였다. 경계가 없는 경기장을 만들어 사람들의 자유로운 통행은 물론 새로 개발된 주변 지역과 소통하며 활짝 열려있게 한 것이다. 일반적으로 사람들은 지하에 들어가는 것에 대한 부정적인 인식을 가지고 있는데, 만약 이 인식을 공간이 주는 분위기와 이벤트를 통해 긍정적인 것으로 바꿀 수 있다면, 그 좋은 경험을 사람들은 결코 잊지 못할 것이다. 결국 이 프로젝트의 핵심은 지하에서 정서적 놀라움이라는 특별한 무언가와 만나게 하는 것이었다.

성스러움

성스러움의 대표적인 건물은 교회이다. 우리가 작업한 프랑스 남동부 끝자락에 위치한 교회 프로젝트Sanctuaire Notre-Dame du Laus의 아이디어는 고저차가 있는 기존의 교회와 마을을 지하를 새롭게 만들어 연결하는 것이었다. 성스러움의 표현과 공동체의 통합이라는 중요한 두 목적이 지하공간 환경을 통해 이루어지도록 한 것이다.

빛

지하가 깊어질수록 빛이 중요하다. 햇빛은 지하공간의 부정적인 인식에 대한 심리적인 해소방안이기도 하다. 매우 크고 복잡한 프로그램을 가진 갈리시아 문화도시Galician Cultural City 현상설계의 경우, 대지가 기존 도심과는 떨어진 산 중턱에 위치하고 있어서 자연경관을 보전함과 동시에 건축적 프로그램을 해결하는 아이디어가 필요하였다. 그 결과 빛을 끌어들이는 너비 80미터, 길이 100미터의 유리 박스를 지상에 설치하고 요구되는 기능들은 그 지하로 계획하였다. 유리 박스 안에는 많은 반사경과 스크린들이 설치되어 반사경이 비춰주는 하늘과 구름의 자연 이미지들과 스크린이 보여주는 인공 이미지들이 함께 넘실거리며 몽환적으로 어울린다. 결국 유리 박스는 빛을 건물의 가장 밑까지 유입하는 도구이면서 지하 모든 레벨에서 감상할 수 있는 변화무쌍한 이미지들의 생산 기지로 작용한다.

베르사유궁전의 파빌리온Pavilion Dufour 개보수 프로젝트 또한 같은 개념이 작은 규모로 이루어진 경우이다. 한 해 평균 700만 명의 관광객들이 궁전을 방문하면서 파빌리온들을 거쳐 간다. 많은 사람이 들르기에는 공간이 너무 작았다. 17~19세기에 건축된 파빌리온들은 당연히 보존이 최우선이었기에 건물과 주변의 지하를 새롭게 개발하였고 이곳으로 내려가는 출입구를 지상에 노출시켰다. 이러한 접근법은 역사적 의미의 건물을 다루는 하나의 방안이 될 수 있다.

기존 건물에 회의장Usinor-Sacilor Conference Centre을 증축하는 프로젝트 또한 매우 섬세한 고려가 요구되었다. 카라바조1571~1610의 '나르키소스'를 생각하며 건물 주변으로 유리판을 원형으로 조성하고 물을 도입하여 건물이 비치도록 하였다. 건물 맞은편에 현대식 철강공장이 있는데 그것과 대조되도록 프랑스 전통적인 이 건물의 풍채를 그대로 보전하였다. 이 건물의 진짜 아름다움은 존재 그 자체에 있다고 생각했던 것이다.

브뤼셀의 프로젝트는 은행 본점을 확장하는 것이었다. 여기서는 스카이라인의 변경, 즉 수직증축이 허용되지 않는 상황에서 어떻게 공간의 확장을 달성하는가가 주요한 과제였다. 나는 인도 전통 건축의 멋진 음의 공간인 계단식 우물Chand Baori에서 영감을 받아 사각형의 기존 두 건물 사이에 장대한 지하를 새롭게 조성하였다.

이화여자대학교 프로젝트에서도 커튼월의 사용으로 20미터 깊이의 지하까지 빛이 들어오도록 하였고, 지하공간을 본격적으로 다룬 최초의 프로젝트였던 프랑스 국립도서관에서는 자연스럽고 충분한 채광을 위해 조경 요소를 적극 활용하였다.

도시 규모

이탈리아 나폴리의 가리발디 광장Piazza Garibaldi 프로젝트는 지상 광장과 지하를 함께 고려하여 개발하는 것인데, 하늘로 개방된 지하공간은 상점들이 있는 긴 보행로를 통해 철도역과 지하철역을 연결한다. 도서관과 지하철역 같이 사람이 많이 모이는 대규모 지하공간에서는 아래로 내려가는 사람들의 움직임을 특별한 경험과 도시의 배경화로 조율하는 것이 중요하다. 가리발디 광장은 금속재 나무 모양의 구조물 위로 우산 형상의 캐노피를 통해 나폴리의 뜨거운 태양을 차단한다. 그 결과 지하철을 포함한 다섯 개의 역들이 교차되고 있는 이곳에 멋진 공공공간이 창출되고 있다. 또한, 승강장 벽에는 유명한 이탈리아 미술가의 작품을 설치하여 지하철역에 예술을 접목시켰다.

또 다른 프로젝트로 파리의 지하철 환승역Villejuif IGR Station이 있는데, 이 역은 두 개의 지하철 노선이 지하 50~55미터에서 교차하고 있다. 원통형으로 디자인된 역은 파리 팡테옹이 들어갈 정도로 큰데, 외벽지름 70미터, 벽두께 1미터, 중앙의 열린 공간 지름이 40~45미터의 규모이다. 여기서 나는 밑으로 내려가는 사람들의 움직임과 빛의 유입을 특별한 경험으로 극대화하려고 하였다.

도시 네트워크

도시 차원의 지하 개발에 대한 아이디어는 1930년대 초반부터 환상적인 여러 도면과 삽화로 제안되었다. 1960년대에는 또 다른 신세계인 지하 유토피아에 대한 비전이 나왔고, 파리 레 알 재개발 프로젝트에서는 여러 건축가들의 실제적인 제안들이 이루어졌다. 또한, 몬트리올과 토론토는 이러한 도시 네트워크의 훌륭한 참조점이기도 하다.

지하 시설의 투자 및 개발비용에 대한 것은 매우 중요한 문제이다. 일반적으로 지하 시설은 엄청난 양의 일과 막대한 공사비가 소요되는 것으로 인식된다. 그러나 이러한 판단이 과연 정확한 것일까? 즉, 비용으로만 그 효용성을 따질 수가 있냐는 것이다. 내 논점은 지하에 대한 막연한 부정적인 태도는 지양하자는 것이다. 건강한 시민의식과 정확한 목표를 가지고 개발한다면 지하공간은 인간 활동의 더 큰 밀도를 수용할 수 있고 사람들의 삶의 질을 확연히 개선할 수 있다.

마지막으로, 역사가 유구한 도시는 단점이 많다. 대표적으로 파리는 주거 문제가 심각하다. 수많은 역사 및 문화유산들로 인해 공동주택을 지을 땅도 없다. 그런데, 만약 샹젤리제부터 개선문까지 이화여자대학교 프로젝트와 같은 공간을 만든다면 현재 지상의 기능들을 지하에 수용하면서 지상에는 사람이 사는 공간을 창출할 수 있을 것이다. 핵심은 더 나은 지상에서의 삶을 위해 지하를 활용하자는 것이다.

도시

| 토론토 지하 보행몰 시스템 |

"미련한 자를 만나느니 차라리 새끼 빼앗긴 암곰을 만나겠습니다."

원천적으로 모든 자원을 흡수하려는 속성을 가진 도시는 그것 때문에 매력과 질시의 대상이 된다. 도시에 자원이 집적될수록 한정된 토지로 인해 도시는 수평이나 수직으로 확장될 수밖에 없다. 그동안 도시는 다소 쉬운 방법인 평면 도시로 확장되어왔다. 그러나 도시의 이러한 확장은 일정 규모를 초과하자 많은 문제를 드러내었고 거주자들은 일상에서 그 대가를 지불하고 있다.

기술의 발전과 자본의 결합은 도시의 모습을 근본적으로 바꾸기 시작하였다. 수평의 도시에서 수직으로 올라가기 시작한 것이다. 건물이 수직으로 올라가기 위해서는 먼저 수직으로 내려가야 한다. 즉, 하늘의 도시는 지하의 세계에 토대를 두었던 것이다. 많은 도시들이 이 사실을 간과하거나 개별의 사안으로 취급할 때, 그 보이지 않는 공간에 주목하여 그곳을 매력적인 공간으로 재창조한 도시가 있었으니, 그곳이 바로 캐나다의 토론토와 몬트리올이다. 이것만으로도 이 두 도시는 주목할 가치가 있는데, 여기서는 토론토에 집중해서 살펴보고자 한다.

토론토 도심에 조성된 지하 보행몰 시스템은 세계적인 명성을 가지고 있다. 시민들에게 편의를 제공하고 도심을 활성화하며 훌륭한 관광자원으로 인정받아 개발수익도 양호한 것으로 나타나고 있다. 이런 시스템의 물리적인 특징은 다음과 같다.

· 전체 27킬로미터 길이, 지상의 출입구 125개 이상, 표지sign 체계를 PATH라 이름 붙여 운용
· 천이백 개의 전체 상가 수, 전체 상가면적 343,741제곱미터
· 시스템과 직접 연결되는 칠십오 개의 사무소 건물, 지하철역 여섯 개, 백화점 세 곳, 아홉 개의 호텔, 기차 유니온역, 고속버스터미널, 시청사, 방송국, 컨벤션, 증권거래소, 아이스하키 명예의 전당, 콘서트홀, 농구장 등

형성과정

도심에서 사회적, 문화적, 경제적 활력에 큰 기여를 하고 있는 지하 보행몰 시스템은 매일 10만 명 이상의 근무자들과 도심의 거주자들, 그리고 관광객들이 이용한다. 세계에서 가장 큰 지하 복합쇼핑 공간의 기네스 기록을 가지고 있는 이 시스템은 우선 안전하다는 것과 혹한의 추위와 여름철의 무더위를 막아주는 것이 큰 장점이다. 이 도시에서 지하보행로는 1900년 이튼Eaton사가 영Yonge스트리트에 있는 본점과 바로 옆의 별관을 지하로 연결하면서 시작되었다. 1917년까지 도심에 다섯 개의 지하보행로가 설치되었고, 1927년에는 유니온역이 개통되면서

길 건너 로열 욕 호텔까지 연결되는 지하보행로가 설치되나 시스템의 실질적인 성장은 몇십 년이 지나서야 이루어진다.

준비와 실행

북미 5대 호수 중의 하나인 온타리오호에 면한 토론토는 지리적 특성상 남쪽에 위치한 항구를 중심으로 발전되어왔다. 격자 모양의 도로 구조는 남북으로 영 스트리트, 동서로 킹 스트리트를 중심으로 펼쳐지고 있다. 1966년 영에서 두 블록, 킹에서 한 블록 떨어진 대지에 26층의 리치몬드-애들레이드 센터Richmond-Adelaide Center가 들어선 것은 그때까지의 토론토 도심의 건물이 그러했듯이 그 자체로는 지하공간과 직접적인 관련이 없었다. 이 건물이 토론토 지하공간 형성에 중요한 의미를 갖는 것은 산파의 역할 때문이다. 이 건물이 들어선 그 해, 바로 이웃하고 있는 부지에 옥스포드 타워Oxford Tower 개발이 추진되면서 건축주와 시청 사이에 지하를 통합 개발하는 것에 대한 합의가 이루어진다. 여기에는 리치몬드-애들레이드 센터를 포함한 블록 전체를 연결하는 지하 쇼핑몰 개발도 포함되었는데 명분은 도심에서의 보행권 확보이었다. 옥스포드 타워가 1979년 준공되었을 때 지하 보행몰 시스템의 꿈이 작게나마 실현되었다.

1968년보다 직접적인 결과가 토론토 도미니온 센터 지하에서 나타났다. 1972년에는 4,000제곱미터의 중정 주위를 구 본점과 세 개의 신축 건물로 둘러싼 커머스 코트Commerce Court

가 등장하는데 이 건물은 토론토에서 지하철역과 직접 연결한 첫 사례이다. 1975년 준공된 퍼스트 캐내디안 플레이스First Canadian Place는 토론토에 가장 영향을 많이 끼친 개발이었다. 72층, 298미터의 높이로 킹과 베이 스트리트의 모서리에 들어선 이 건물은 지하층과 1층, 그리고 중2층 등 세 개의 레벨에 보행 및 상업시설을 조성하였다.

반작용 그리고 연결

첫 15년은 지하 보행몰 시스템의 구축에 매우 우호적인 시간이었다. 그러나 1972년 겨울, 시의회가 새로 구성되면서 분위기는 달라진다. 세계적인 유가 파동의 영향도 있었지만, 지하 상권이 활성화됨으로써 지상의 상권이 문제가 된 것이다. 이에 대한 사회적인 여론이 나빠지자 시의회는 시스템에 대한 제도적인 지원을 중단하였고 1974년 그에 대한 실천적인 지침인 '도심 건물'을 발표한다.

이 시기 지하 보행몰 시스템 발전에 전기가 되는 두 개의 중요한 개발이 도심의 남과 북에서 나타난다. 먼저 남쪽에서는 로열 뱅크 플라자Royal Bank Plaza가 들어섰다. 1976년 완공된 이 건물은 26층과 41층의 남북 타워로 구성되며 건물 전체가 황금색 반사유리로 번쩍이는 랜드마크이다. 타워 사이에는 40미터 높이의 아트리움을 만들었고 지하 2층까지 개방하여 수직의 연결성을 강조하였는데 이러한 아트리움 계획은 시스템에 최초로 나타난 디자인이었다.

다음으로 북쪽에는 지하 보행몰 시스템에 새로운 이정표를 만든 이튼 센터Eaton Centre가 1977년 개발을 완료하였다. 사실 센터는 개발 전부터 오랜 화젯거리이었다. 최초의 개발안은 1953년에 나왔지만 반대의 여론에 부딪혀 1964년까지 수면 밑에 있었다. 1967년에는 개발대지 안에 있던 옛 시청사, 구세군 본부, 성삼위 교회를 철거하겠다는 무모함으로 프로젝트 자체가 취소되는 사태를 맞기도 한다. 1970년, 이전보다 보전적인 개발안을 마련하지만, 이번에는 가로를 없애고 정면에 창이 없는 계획안을 가져와 부결된다. 결국, 영업 손실을 감수하고 설비를 우회하는 조건으로 1972년 말 시의회를 통과한다.

이렇게 우여곡절을 겪은 이튼 센터는 한 해 5천만 명 이상이 방문하며 가장 높은 매출을 자랑하는 토론토의 명물이 되었다. 다섯 블록을 합친 60,700제곱미터의 부지는 영 스트리트 서쪽의 옛 시청사와 면한다. 일곱 개의 앵커 상점과 두 개의 사무소 건물, 235개의 상점, 5층 높이의 아트리움, 1,300대 수용의 주차장, 인근 심슨백화점과의 연결통로 등으로 구성되는 센터는 상가면적이 194,980제곱미터에 달한다. 혹자는 1867년에 세워진 밀라노의 갤러리아Galleria Vittorio Emanuele II와 1890년에 개장한 클리브랜드 아케이드Cleveland Arcade가 참조된 선례들이라고 하나, 이튼 센터는 그것들과는 비교할 수 없는 성취를 이루며 도심의 활력이 되고 있다.

이 시기 또 다른 특징은 이미 개발된 건물들의 연결들을 통해 지하 보행몰 시스템의 공고화가 이루어진 것이었다. 이러한 연결은 도로 밑으로 보행로들을 설치하여 이루어 나갔다. 1976년 토론토 도미니온 센터와 로열 뱅크 플라자의 연결을 시작으로, 1977년 퍼스트 캐네디언 플레이스와 토론토 도미니온 센터의 연결, 1978년 로열 뱅크 플라자와 유니온역의 연결, 토론토 도미니온 센터와 커머스 코트의 연결, 1980년 국립은행과 리치몬드-애들레이드 센터의 연결, 1983년 리치몬드-애들레이드 센터와 퍼스트 캐네디언 플레이스의 연결, 그리고 1990년 오랜 숙원이었던 심슨과 쉐라톤 센터의 연결까지 시스템은 연결의 연결을 통해 도심 전체로 퍼져나갔다. 마지막의 이 연결로 도심의 지하가 남북으로 관통됨으로써 지하 보행몰 시스템 형성에 하나의 큰 매듭이 완성되었다.

계획 개념

2차 세계대전 후 토론토 도심은 급격히 과밀화되어 지상의 보행로는 붐볐고 늘어나는 차량으로 보행자의 안전은 위협을 받았다. 도심 필지들은 크게 구획되었는데36,000제곱미터나 되는 필지도 있었다, 반면에 한쪽 면만 도로에 접하고 있어서 보행자들은 차량의 위협에 늘 노출되었다. 시 당국은 과밀이 점점 심각한 문제가 되리라는 것을 인식하였다. 현재의 도심 구조로는 보행자와 차량의 공존이 불가능하다고 보았고 어떤 식으로든 이 문제는 해결되어야 했다.

1950년대 중반, 토론토시는 보행자와 차량의 흐름을 수직으로 구분하는 것에 주목하였다. 이미 선례들도 있었다. 특히, 뉴욕의 록펠러 센터Rockefeller Center 단지는 이러한 수직분리의 전형으로 생각되었다. 단지 중앙의 통로들은 맨해튼 거리에서 들어오는 많은 사람을 분산시킨다. 또한, 차량으로부터 해방되어 사람들은 광장과 스케이트장이 수직으로 분리된 내부에서 다양한 활동을 쾌적하게 할 수 있다. 휴스턴 또한 1947년부터 도심 건물들을 지하로 연결하는 보행자 터널을 설치하여 운영하였다. 이러한 방식이 시민들에게 호응을 받아 1950년대 말까지 휴스턴 도심에 대여섯 개의 보행자 터널이 더 들어섰다. 당시 토론토시가 이와 같은 상황들을 잘 알고 있었다는 증거는 없지만, 도심 보행환경의 개선을 위해 지하 보행로의 사용을 고민한 것은 사실이었다.

제도의 전개

토론토 도심의 보행자, 1959

'토론토 도심의 보행자'는 토론토시가 도심 과밀의 문제에 대해 내놓은 최초의 해결책이다. 보고서는 블록들의 중앙을 통과하는 보행로, 내부 몰, 지붕이 있는 보도 및 보행자와 차량의 수직적인 분리 등을 제시하였다.

토론토 도심계획, 1963

'토론토 도심계획'은 차량의 흐름을 지하로 내리고 지상에는 잘 정돈된 고층 건물, 보행로, 광장 등의 네트워크로 도심을 개조하는 계획안이었다. 이는 당시 유행하던 근대건축운동의 개념을 가져온 것이었는데 후에 이 개념은 효율은 있지만 따분한 계획이라는 비판을 받았다. 즉, 공공장소로서의 거리를 무시하였고 결과적으로 도심이 어떻게 재개발되어야 할지를 보여줄 뿐이라는 것이다.

보행 도심, 1969

1959년 처음 제기되었던 수직분리의 과제가 '보행 도심'에서 드디어 결실을 보았다. 보고서는 보행과 관련된 문제들을 과밀한 보행로, 혼잡한 교차로와 지하철역 출입구, 1년 중 상당 기간을 차지하는 극한의 기후조건, 다양하고 특징 있는 공개공지 및 녹지의 부족, 보행자 활동의 다양성 부족 등으로 규정하였는데, 이를 바탕으로 다음의 계획목표들을 제시하였다.

- 도심에서 보행자의 요구를 파악하고 기존 도심 환경의 수준을 평가
- 보행자 시설 향상을 위한 디자인 원리 설정과 도심에서 보행 체계 확대를 위한 공공의 적극적인 행동
- 도심의 도보 이동과 보행자와 대중교통과의 연결을 위한 포괄적인 체계 개발
- 재개발 지역의 보행 체계 및 보행자 연결이 중요하다고 판

단되는 곳 확인
-보행로 시설에 대한 시와 개발자와의 협상

'보행 도심'은 대지 내부에서 통로 체계의 개발을 강조하였다. 그런데 이는 공유지와 사유지를 통합하여 생각해야만 가능한 일이었다. 또한 지하철역 인근 대지에서의 개발은 역과 직접 연결되는 통로를 설치하도록 권유하였다. 이러한 방향들이 의도하는 바는 보행의 연속성이었다.

'보행 도심'이 제시한 또 다른 전략은 지원책이었다. 프로젝트 개발을 하면서 지하에 상업이 가능한 보행로를 만들고 이것들을 통로로 연결할 경우 시에서 공사비를 보조하였다. 연결통로 공사비 중 절반을 보조하는 이러한 정책으로 시는 주도권을 가지고 시스템을 조성해 나갈 수 있었다. 이외에도 지하의 상가면적을 높여 주는 밀도 보너스, 보행자 통로 제공으로 인한 세금감면, 지하 보행몰 시스템 구축을 우선하는 조건으로 시 소유 땅의 매각과 같은 정책도 실시하였다.

도심 건물, 1974

1972년 들어선 시의회는 지하 보행몰 시스템 구축의 계획적 좌표였던 보차분리 대신에 지상에서 차량과 보행자가 혼합되는 내용의 '도심 건물'을 발표한다. 이는 보행 활동의 최우선 장소로 지상을 중시하는 것이었는데 이러한 전환 배경에는 정치적인 요인도 있었다.

'도심 건물'은 가로 정비를 통한 보행 네트워크의 연속성 극대화, 가로에서의 보차분리 및 보행자 전용로의 개발 등을 제시하였다. 또한, 상가들은 핵심 가로변에서는 지상층 설치를 최우선으로 하였고 이면 도로에서는 가급적 보행 전용로에 면하여 설치하도록 유도하였다.

하지만 '도심 건물'이 지상 가로만 고집한 것은 아니었다. 신축 건물에 다양한 레벨(지상, 지하, 공중)의 공공통로를 조성하여 이 통로들이 도시의 가로와 잘 연결되도록 하였다. 이러한 접근으로 지하 보행몰 시스템은 지상과의 긴밀한 관계, 즉 지상과 지하 사이에 가시성을 확보하고 연결을 편리하게 함으로써 발전할 수 있다는 것이 분명해졌다.

중심지 계획, 1978

'중심지 계획'은 지상 우선의 정책으로 한 걸음 더 나아간다. 지상 가로는 인센티브를 주고 지하는 불이익을 준 것이다. 이는 현실적으로 1층의 상업용도 면적은 연면적에 포함시키지 않고 반대로 지하층의 그것은 연면적에 포함시키는 것으로 나타났다. 건물이 제한받고 있는 한계 상업 밀도에서도 1층은 제외하였다. 한 마디로 이것은 지상의 가로를 후원하는 시의회의 강한 열망의 표현이었다. 지하는 지상의 가로와 강력하게 연결되는 경우에만 허락되었다. 더구나 시가 그전에 합의한 사항이라도 지하연결통로의 재정 지원은 취소되었다.

시스템 형성의 물리적 요소들

지하철

지하 보행몰 시스템의 형성과 발전에 지하철은 필수요소이다. 캐나다에서 가장 분주한 도로인 영 스트리트를 따라 캐나다 최초의 지하철이 1949년 착공된다. 이 지하철은 도심을 U형으로 지나가면서 열두 개의 역을 가지며 1954년 개통되었다. 지하 보행몰 시스템이 본격적으로 추진되기 전, 이미 훌륭한 토대가 구축되어 있었던 것이다. 지하철 개통으로 도심 개발이 활발해졌고 현대적인 토론토의 모습도 형성되기 시작하였다.

플라스 빌 마리Place Ville Marie 건물

1962년 몬트리올에 있는 플라스 빌 마리의 준공으로 수직분리의 개념이 캐나다에서 최초로 성취된다. 페이I.M. Pei가 설계한 이 건물은 45층의 십자형 사무소 건물로 지하 1층은 상업시설이고 지하 2, 3층은 주차장이며 건물 하부로 기찻길이 지나간다. 플라스 빌 마리는 토론토의 계획가들이 생각하였던 개념, 즉 지하에 보행자들이 마음껏 다닐 수 있고 소음과 기후가 조절되는 아케이드가 있는 도심 사무소 건물이 실현된 것이었다. 건물의 개관식에 참석한 토론토시 계획위원회 책임자는 토론토에서도 이러한 종류의 지하공간 개발이 가능하겠다는 생각을 가졌다고 한다.

토론토 도미니온 센터Toronto Dominion Center 건물

대규모 사무소 건물 지하에 쇼핑 아케이드를 두고자 하는 열망은 토론토 도미니온 센터에서 그 기회를 얻는다. 캐나다에서 가장 큰 두 은행이 1955년 합병하여 토론토 도미니온 은행이 된 후, 은행은 핵심 영업 전략의 하나로 도심에 본점을 신축하기로 한다. 은행이 추구하는 본점은 도시 속의 도시로서 발전의 성취를 나타내는 캐나다의 기념비였다.

1962년 말 은행은 이 프로젝트의 책임건축가로 말년의 미스Mies van der Rohe를 초청하였다. 하루 이만오천 명이 건물을 사용하는 것으로 예상하고, 이들을 위한 각종 서비스 기능을 지하에 배치하는 것이 자연스럽게 도출되었다. 사업 초기부터 은행은 신속한 우편 업무는 물론 입주 업체들의 편리함을 위해 대형우체국을 유치하고자 했다. 우체국을 포함하여 지하 영역은 상점, 다양한 서비스와 레스토랑, 350석의 영화관에 이르기까지 일종의 타운을 형성하였다. 46층, 56층의 사무소 타워와 저층부의 은행 파빌리온으로 구성된 토론토 도미니온 센터는 미스의 죽음 1년을 앞둔 1968년 5월 개관을 한다. 뒤이어 세 번째1974, 네 번째1986, 다섯 번째 타워1991가 각각 추가되면서 토론토의 도시 조직에 결정적인 영향을 미친다.

토론토 도미니온 센터는 지하 보행몰 시스템을 잘 구축하고자 하는 시의 지원 정책에 최대 수혜자가 되었다. 센터는 지하의 보행로로 커머스 코트, 리치몬드-애들레이드 센터, 토론토스타 등의 건물들은 물론 철도 유니온역과 지하철 세인트 앤드류즈역과도 연결되고 있다.

인고의 산물

토론토 지하 보행몰 시스템은 도심의 보행 활동에 대한 관심에서 탄생한 것이었다. 즉, 시스템은 도심에서 다양한 보행 공간의 조성을 통해 지상과 지하 보행의 공생을 추구한 입체적이고 종합적인 인고의 산물이라고 할 수 있다.

지하 보행몰 시스템은 해를 거듭하며 인기 있는 장소가 되어왔다. 실제로, 매일 점심시간에는 인근 건물의 수많은 근무자가 지하로 내려와서 자신들의 도시 생활을 만끽하고 있다. 시스템이 계속해서 대중성을 획득하고 있는 것은 이러한 근접성의 매력 때문이다. 그 결과 남북의 연결을 완성시킨 시스템은 이제 동서로도 꾸준하게 확대되고 있다. 이렇듯 성공 가도를 달리고 있는 시스템이지만 결함 또한 갖고 있다. 공기 질의 문제, 외부와 격리된 환경, 자연채광의 부족, 낮고 좁은 공간, 활동의 제약 등 여러 가지가 지적되고 있는데, 개인적으로 여러 번 방문하면서 가장 크게 느낀 것은 도심의 사무소 근무자라는 편중된 이용자층이었다. 점심시간에는 많은 사람이 몰리지만 근무 이외의 시간, 특히 주말에는 사람들의 발길이 급격하게 뜸해졌다.

***

1994년 지하공간과 만남이 시작되고 생애 처음 토론토를 방문하였다. 토론토 지하 보행몰 시스템은 도심에 한정되어 있다. 그러나 가로 5블록, 세로 10블록의 범위에 미로처럼 펼쳐져 있는 이 시스템을 이해하는 것은 쉬운 일이 아니다. 처음에는 뭐가 뭔지 모르고 돌아다니면서 그저 사진 찍기에 분주하였다. 그러나 이 짧은 만남은 도시 지하공간에 대한 강렬한 인상을 주었고 나중에 토론토를 다시 찾게 되는 동기가 되었다.

처음 방문 이후 10년이 넘는 세월이 흘러갔다. 재직하고 있는 대학에서 교환교수로 나갈 기회를 주었는데, 한치도 주저함 없이 토론토를 목적지로 결정하였다. 그 후 토론토 지하를 마음껏 누비며 보낸 일 년의 기간은 도시 지하공간에 대해 새롭게 눈을 뜬 도약의 기간이었다.

2009년 토론토시의 도시계획 담당 공무원인 제임스James Parakh를 만나기 위해 토론토를 다시 찾았다. 3년 만에 다시 보는 토론토 지하는 더욱 활기를 띠고 있었다. 요즘 들어 지하 보행몰 시스템이 날로 확장되고 있다는 제임스의 얘기를 증명이라도 하듯 중요한 개발들이 속속 진행되고 있었다.

| 몬트리올 실내도시 |

"맹렬하게 사랑해서가 아니라
열등감을 느껴서 맹렬하게 질투합니다." _이승우(2017)

한때 서울시가 지하공간 개발에 많은 관심을 보이면서 몬트리올 실내도시는 소위 선진사례의 직접적인 참조 대상으로 많이 언급되었다. 그러나 그에 대한 피상적인 이해는 오히려 개념의 혼란을 초래하였는데, 이에 따라 몬트리올 실내도시에 대한 정확한 이해는 다양한 도시 지하공간 개발 요구에 직면하고 있는 상황에서 중요할 것이다.

형성요인

몬트리올은 1535년 프랑스인 카르티에에 의해 유럽에 처음 알려진다. 그 지명은 카르티에가 몬트리올 중심부에 위치한 해발 233미터의 산을 몽 로열이라고 부른 데에서 유래한다. 그로부터 한 세기가 지난 1642년 메종느브가 이끄는 사십여 명의 프랑스인이 몬트리올에 도착하여 최초의 정착촌 빌-마리Ville-Marie를 세우면서 몬트리올의 역사는 시작한다. 이후 몬트리올은 한때 캐나다의 수도로서, 또한 캐나다 제일의 경제 및 북미 프랑스 문화의 본산지로서 중요한 역할을 담당해 왔다.

정의

몬트리올대학 실내도시연구소Observatoire de la ville intérieure는 실내도시를 '내부 통로로 연결된 민간이 소유하는 일단의 건물군으로 대중교통, 쇼핑몰, 사무 공간 및 레저 활동 등과 같은 다양한 기능을 제공한다. 여기서 공공공간의 사용은 시청과의 협약을 통해 이루어지는' 것으로 정의하고 있다. 또한 '실내도시는 공간의 네트워크가 지하에만 국한되는 지하 도시라는 용어를 대체하는데, 실제로 몬트리올은 실내도시 네트워크의 약 절반이 지상 레벨이다. 또한, 지하공간은 닫혀있고 막혀있다는 부정적인 인식을 주는 데 반하여 실내도시는 실제로도 매우 개방적이고 통로뿐만 아니라 공공공간으로도 구성된다'고 설명한다. 매일 오십만 명 이상의 시민들이 이용하고 도심 사무소의 80퍼센트, 상가의 35퍼센트가 연결되고 있는 실내도시의 물리적인 특징은 다음과 같다.

·전체 30킬로미터의 길이, 지상출입구 155개 이상, 표지체계를 RESO라 이름 붙여 운용

·실내도시와 예순두 개의 사무소 건물, 일곱 곳의 호텔, 1,615세대의 아파트, 상가 천칠백 개, 이백 개의 레스토랑, 영화관 서른네 개, 컨벤션 세 곳, 종합대학 세 개, 열 개의 지하철역, 철도역 두 개, 두 곳의 버스터미널, 일만 대의 주차장 등이 직접 연결

기후

몬트리올의 겨울 추위는 혹독하다. 2월의 기온은 섭씨 영하 32도까지 내려가고 눈이 2.5미터까지 쌓이며 극지방에서 불어오는 눈보라는 사오 개월간 계속된다. 또한, 연중 눈과 비 내리는 날이 178일이고, 7월에는 고온다습한 무더위가 찾아온다. 이러한 기후조건, 특히 겨울철은 사람들의 도시 활동에 심각한 타격을 주었고 이의 해결책으로 실내도시가 개발되었음은 의심의 여지가 없다.

도시 개발

전통 및 금융산업으로 1950년 인구 백만이 넘는 대도시가 된 몬트리올이 현재의 모습으로 변화하게 된 것은 1960년 드라포Jean Drapeau 시장의 취임이 결정적이었다. 여덟 번의 연임을 통해 26년간 재임한 그는 '대중은 기념비를 원한다'는 구호 아래 도심 재개발, 지하철 건설, 세계엑스포1967년 및 하계올림픽1976년 개최 등 대규모 사업들을 연속적으로 성공시켰다. 이러한 활동들이 실내도시의 탄생에도 크게 이바지하였는데, 특히 몬트리올 최초의 프랑스 정착지를 재개발한 플라스 빌 마리가 기폭제 역할을 하였다.

지하철 개발

사람과 이동 수단의 수직 분리를 최초로 제안한 사람은 레

오나르도 다 빈치였는데, 철도와 보행로를 수직으로 분리한 1855년의 런던 크리스탈 웨이Crystal Way는 그것을 처음으로 구체화한 계획이었다. 몬트리올은 인구 오십만을 넘긴 1910년부터 지하철 시스템에 대한 타당성을 검토한다. 1953년에는 몬트리올 교통국이 구체적인 보고서를 완성하지만 시 당국의 의지 및 예산의 부족으로 더 이상 진척되지 못한다. 결국 1966년 스물여섯 개 역, 총 길이 25.9킬로미터로 토론토에 이어 캐나다 두 번째로 지하철이 개통된다.

U형의 지하철 노선은 도심 활동이 집중된 남북과 동서의 중심축에서 약간 벗어나서 설치되었다. 남북축의 두 중심가로 생-드니와 생-튀베르의 중간으로 설치된 남북 구간은 이로써 같은 거리로 각 가로에 접근할 수 있게 하였다. 두 개의 동서 구간 또한 같은 원칙이 적용되었는데, 하나는 쉐브룩과 생카트린 가로를, 다른 하나는 호넬레비스키와 노트르담 가로를 동일한 거리로 연결하였다. 노선의 이러한 입지로 공사 중에도 중심 상업지의 영업이 가능하였고, 지하철 교통체계를 도시조직에 보다 기능적이고 형태적으로 통합시켰다.

현재는 규모나 성격 면에서 필Peel, 매길McGill, 플라스 데 자흐Place des Arts, 보나벤처Bonaventure, 스퀘어 빅토리아Square Victoria, 플라스 다므Place d'Armes 등의 여섯 개 지하철역으로 둘러싸인 2.43제곱킬로미터가 몬트리올 실내도시의 핵심 지역이다.

단계별 형성과정

개발기

몬트리올 실내도시는 플라스 빌 마리 개발과 이것이 중앙 철도역 복합건물과 도로 하부로 연결되는 1962년 시작된다. 이것은 이동과 쇼핑을 결합하여 도시기능의 효율성과 경제성을 동시에 충족시켰다. 즉, 보행 네트워크는 복잡한 지상 환경 하부로 통로를 제공하면서 혹독한 외부 기후와 만나는 것을 제거하였고, 통로에 설치된 다양한 상가들은 실내의 안전감을 확보하고 활력을 부여하면서 건설비와 유지관리비를 충당하였다.

이 시기 플라스 데 자흐와 플라스 보나벤처도 실내도시 형성에 중요한 영향을 미친 개발이다. 1963년 개관한 플라스 데 자흐는 세 개의 공연장으로 구성된 대규모 문화시설인데 이후 이곳에 지하철 플라스 데 자흐역이 개설된다. 한편, 1967년 세계엑스포 직전에 준공된 플라스 보나벤처는 연면적 27만제곱미터 규모로 중앙역 남쪽의 철도 궤도 상부에 들어섰다. 상가, 사무실, 호텔, 컨벤션 등으로 구성된 이 복합건물은 지하철은 물론 열차와도 접속되고 있다. 이 건물의 준공으로 플라스 빌 마리~중앙역~플라스 보나벤처로 이어지는 도심 핵심부의 남북 연결통로가 완성된다.

세계엑스포를 앞두고 사람들의 이동이 활발하게 일어나는

지하철역 주변으로 플라스 빌 마리와 같은 복합개발들이 활성화되었다. 시 당국은 이러한 건물들이 지하철역과 직접 연결되고 그 통로를 지하철 운행 시간까지 개방하도록 건물주들을 설득하였다. 이렇게 건물들과의 연결을 통해 점차 확장된 대표적인 예가 지하철 매길역 주변이다.

융성기

융성기인 1970년대는 20세기를 통틀어 몬트리올이 가장 번성한 시기로 1976년의 하계올림픽 개최는 최정점의 면류관이었다. 소위 드라포식 개발들이 많이 일어나 그 결과로 실내도시도 급속하게 확장되었다. 이 시기 실내도시는 지하철 매길역과 플라스 데 자흐역을 중심으로 확장되었는데 양적으로는 매길역이, 질적으로는 플라스 데 자흐역이 담당하였다. 매길역에서의 확장은 당시 유행하던 모더니즘 양식의 건물들이 역 주변에 차례로 들어서면서 이루어졌다. 그중에서도 26층의 2020 유니버시티University와 20층의 플라스 런던 라이프Place London Life는 아트리움 공간 주위로 다양한 평면과 단면을 만들고 있다. 이 건물들은 내부공간과 자연광, 외부와의 자연스러운 관계, 보행자 어메니티 제공 등의 측면에서 그전의 사례들과 구별된다.

강화기

1980년대 실내도시는 그 전 10년에 비해 괄목할만한 성장은 없었지만, 남북축의 관통과 동서축의 확장으로 강화되었다.

*남북축 관통

이 시기 지하철 플라스 데 자흐역과 플라스 다므역이 연결되는데, 이는 기존의 플라스 데자흐와 콤플렉스 데자흐뎅Complexe Desjardins 건물에 콤플렉스 기-페브호Complexe Guy Favreau 건물이 새롭게 들어섬으로써 이루어졌다. 콤플렉스 기-페브호는 공공청사인 두 개의 사무소 타워와 지하 보행로까지 빛이 들어오는 아트리움으로 구성된다. 건물의 지하광장은 아트리움을 통해 외부와 시각적으로 연결되고 건물 외부에는 물이 있는 녹지가 있다. 이곳을 지나는 보행 체계는 빌 마리 고속도로 위에 세워진 팔레 데 콩그레Palais des Congres 컨벤션센터 광장으로 이어진다.

*동서축 확장

생 카트린 거리에 들어선 일련의 신축 건물들이 지하철 매길과 필역에 연결되며 동서축을 형성하였다. 이 당시 새롭게 실내도시에 연결된 사례들은 모두 대규모 쇼핑센터를 가진 건물들이다. 그 대표 사례가 플라스 몬트리올 트러스트Place Montréal Trust와 레 쿠 몽 로열Les Cours Mont-Royal이다. 레 쿠 몽 로열은 구 마운트 로열호텔1922년을 리모델링한 복합용도 건물이다. H 모양의 건물 평면은 네 개의 아트리움이 계획되어 자연광을 받아들이고 있다. 지하에는 영화관, 주차장, 지하철역 입구와 인근 백화점과의 연결통로가 있고, 지상에는 125개의 상점, 138가구의 콘도미니엄, 사무실, 그리고 최상층에는 헬스클럽

이 있다. 북쪽 아트리움에는 수직 통로와 삼층 높이의 분수가 설치되었고, 남쪽 아트리움에는 푸드코트와 옛 호텔의 기념물인 마호가니 장식장들이 전시되고 있다. 이러한 아트리움들은 넓은 보행자 공간과 수평으로 연결된다.

정착기

1990년대 이후, 몇몇 중요한 개발과 함께 초창기에 개발되었던 사례들의 리모델링을 통해 보행통로들이 새롭게 연결됨으로써 실내도시의 네트워크가 더욱 강화되었다. 이러한 개발에는 무역센터Centre de Commerce Mondial de Montréal, 프로므나드 카테드랄Les Promenades De La Cathedrale, 호넬레비스키Le 1250 Boulevard René-Lévesque, 밀 드 라 고쉬티에흐1000 de la Gauchetiere 등이 포함되는데, 이 중에서 고쉬티에흐는 실내 아이스링크를 가지고 있고 버스터미널과 연결되고 있으며 지하철 보나벤처역과 중앙역을 연결하는 통로를 제공하고 있다.

기존 사례들의 리모델링 작업에서 주목할 것은 플라스 빌 마리 건물이다. 여기서 천창은 아트리움으로 개조되었고 그 하부에 대규모의 좌석 공간을 설치하였는데, 새로 설치된 아트리움이 지상 광장부 위로 솟으며 당초 황량했던 대형 광장을 효율적인 경관으로 분절하는 효과도 나타났다. 또한, 플라스 빌 마리와 이튼 센터가 보행로로 연결되어 지하철 매길역과 보나벤처역 사이의 핵심적인 남북축이 지하로 관통되었다.

몬트리올 도심에서 실내도시에 새롭게 접속된 사례로 센터 씨디피 캐피탈Centre CDP Capital과 팔레 데 콩그레 증개축 프로젝트가 있다. 지하철 스퀘어 빅토리아역과 연결되는 부지에 2003년 들어선 센터 씨디피 캐피탈은 부지 좌우측으로 광장들이 있고, 이때 건설된 이백미터 길이의 지하 연결통로는 지하철역과 무역센터, 컨벤션센터 등을 연결하며 특별한 분위기를 연출하고 있다. 씨디피 캐피탈의 동쪽, 플라스 장-폴-히오벨Place Jean-Paul-Riopelle 광장과 마주하고 있는 팔레 데 콩그레도 대대적인 증개축 공사를 통해 2003년 완전히 새로운 모습으로 변모하였다. 이 두 건물과 지상의 광장들, 그리고 지하철역들과 지하 보행통로들은 도시의 지상과 지하가 통합 개발되어 어떻게 시너지를 발휘하는지를 실증하는 선도적인 사례이다.

몬트리올 실내도시의 어버니즘

어버니즘urbanism, 즉 도시성은 도시민의 삶의 질을 높이고 그 가치에 부합되는 도시환경을 조성하기 위한 특성들의 복합체이다. 따라서 어버니즘은 도시환경과 삶의 질 개선 방안을 모색한다. 실내도시의 직접적인 기원은 19세기 초 파사주라는 파리의 아케이드 건축형식이다. 유리 지붕과 화려한 내부 장식, 쇼윈도와 상품들로 구성된 아케이드는 당시 새로운 도시 풍경을 창출하였다. 1852년 파리 관광안내서의 표현대로 아케이드는 '자체로 하나의 도시이며 세계의 축소판'이었다. 철학자 벤야민Walter Benjamin은 이 아케이드를 속도, 시간, 공간이라는 근대의 도시 속성을 경험하는 생활세계로 파악하였다. 아케이드는 시각적 경험의 장소이다. 상점가의 가로는 단순한 통로에서 상품의 소유에 대한 환상을 불러일으키는 공간이 되었다. 산책자는 아케이드를 걸으며 시선으로 상품을 소유하는 동시에 자신도 모르게 쇼윈도라는 스크린을 통해 자신을 전시한다.

어버니즘 요소

도시의 새로운 영역을 개척한 몬트리올 실내도시는 편리함, 즐거움, 공공성이라는 어버니즘에 기초하여 구축되었다. 그리고 이러한 속성들은 이동과 구매, 그리고 머물기라는 도시적인 행위로 실현되었다.

*편리함-이동

편리함-이동은 몬트리올 실내도시에서 가장 중요하게 다루어 온 주제이다. 그 결과 도심에 자리한 철도 중앙역과 지하철역들이 실내도시의 기본 골격을 구성하고 있다. 즉, 몬트리올 지하철은 도시 전체 상황에서 그 역할에 주목하여 교통체계의 지평을 확장하고 있다. 실내도시와 접속되는 여섯 개의 지하철역들은 약 육백십미터 거리로 설치되어 도심의 사용자들을 적절하게 분산하고 있다. 그 결과 실내도시 어디에서나 삼분 이내로 지하철역 도달이 가능하다. 지하철역은 시의 도시철도공사가 소유하고 관리하는 출입구와 민간이 설치한 보행통로로 구성된다. 또한 민간 통로는 지하철 운행시간과 동일하게 개방되는 것과 보행몰 안에서 상가 영업시간에 맞춰 개방되는 것으로 구분된다.

*즐거움-구매

즐거움-구매는 몬트리올 실내도시를 구성하는 또 다른 중요한 축이다. 실내도시에는 대형 상업시설들이 다수 자리하고 있다. 20년 동안 몬트리올 도심 상권변화를 조사한 연구에 의하면, 지하에서만 출입할 수 있는 상가는 13배, 지상에서 실내도시 지하로 옮긴 여성 의류점은 37배, 양화점은 48배 증가하였다고 한다. 이러한 결과는 실내도시가 상업의 활성화에 크게 기여한다는 것을 보여준다.

*공공성-머물기

공공성-머물기는 몬트리올 실내도시가 여타의 도시 지하공간과 차별되는 기능이다. 사실 실내도시도 처음에는 극단적인 비용-효율의 속성을 추구하여 이동과 구매의 기능에 중점을 두었다. 그러나 나중에는 이러한 문제를 인식하여 어떤 목적을 가지거나 무엇을 구매한다는 개념과 함께 그냥 찾아가서 머무는 개념을 중요하게 다루었다. 머물기의 기능은 시민 친화적인 도시공간 창출이라는 측면에서는 중요했지만, 대부분 사유지에 조성된 실내도시의 속성상 수용하기 어려운 기능이기도 했다.

플라스 빌 마리 사례

플라스 빌 마리는 몬트리올뿐 아니라 캐나다 전역에서 지하공간 개발의 전형이다. 특히 민간 건물이 일반인의 통행을 적극 받아들이는 내부를 만들었다는 점이 높이 평가된다. 이렇게 중요한 의미를 가지는 이 건물은 그러나 완성까지 오십 년이 넘는 시간을 필요로 하였다. 1911년 캐나다철도회사가 역을 세우기 위해 세 개 블록 90,000제곱미터의 땅을 매입한 것이 그 출발점이라고 한다.

철도가 몽 로열산을 길이 5킬로미터 터널로 관통하며 연결되는 이 부지는 1913년 공중권이 확보되었음에도 오랜 기간 개발이 이루어지지 않았다. 1923년 철도 통폐합 작업은 도심 개발에 영향을 미치는 중요한 사건이었는데, 이로 인해 노선 정리 및 역들의 통합과 함께 시내 열다섯 개 건물에 흩어져 있던 사무실들을 한곳으로 모았다. 이러한 흐름 속에 1929년 부지에 대한 개발계획이 수립되었는데, 뉴욕의 록펠러 센터의 영향을 받아 수립한 이 계획은 새로운 중앙역에 아르데코 디자인의 대규모 사무 및 상업공간을 만드는 것이었다. 그러나 연이어 터진 경제공황과 2차 세계대전으로 사업은 중단된다.

전쟁이 끝나고 프로젝트의 진행을 위해 프랑스 도시계획가인 그르베Jacque Greber가 초청되었다. 몬트리올 도심은 북쪽에는 산이, 남쪽에는 강이 경계를 이루고 있다. 그는 몽 로열산과 매길대학의 아름다운 캠퍼스가 동시에 보이는 멋진 조망을 고려하여 대지 북쪽에 광장을 제안하였다. 이는 이후 계획의 중요한 지침이 되었다. 1955년 젝켄도르프William Zeckendorf가 프로젝트 책임자가 되면서 마스터플랜을 건축가 페이I.M. Pei에게 맡겼고, 그의 계획안을 캐나다철도사가 수용하면서 99년 동안의 부지 임대와 개발에 필요한 모든 권리가 해결되었다.

연면적 25만제곱미터 45층 규모의 십자형 타워인 플라스 빌 마리 건물은 당시 적정 기준층 면적43.2×43.2미터의 약 두 배인 3,530제곱미터의 크기로 계획되었다. 111,480제곱미터 면적의 지하 1층은 상업공간이고 지하 2층과 3층은 주차장이며 건물 밑으로 철도가 지나간다. 지하 1층의 넓은 보행로는 직교체계이고 우아한 디자인의 상점들이 계획되었다. 보행로는 선큰 광장을 덮고 있는 네 개의 유리 파빌리언을 통해 시각적으로 지상의 광장과 연결된다. 십자가 모양의 타워는 기둥이 없는 사무 공간과 적절한 채광을 확보하는 것에 대한 건축주 요구의 결과이다. 즉, 건축가는 중심에 코어를 배치하고 그 주위 네 방향으로 동일한 크기의 사각형 업무공간을 배치함으로써 그 요구를 해결하였다. 결과적으로 플라스 빌 마리는 대도시의 중심부를 재개발하는데 기초가 되는 다음과 같은 원리들을 세웠다.

- 사람들의 다양한 활동이 일어나는 규모의 제시
- 대지에서 발생하는 수평 및 수직 교통들의 완전히 분리
- 대지는 건물에 필요한 단순한 땅이 아니라 주요한 기능들을 담는 장소라는 개념
- 특화 단위로 구획되는 도심의 대형 건물을 구현

· 부지 내 광장을 통해 도심과 몽 로열산을 연결하는 조망축을 형성

콤플렉스 데자흐뎅 사례

실내도시 융성기인 1976년, 지하철 플라스 데 자흐역에서는 몬트리올 실내도시 역사상 가장 혁신적이라고 할 수 있는 콤플렉스 데자흐뎅La Haye-Ouellet 설계이 들어섰다. 세 개의 사무소 건물과 한 개의 호텔로 구성된 이 복합건물은 가로, 세로 이백미터의 수퍼블록에 위치하는데 4층 높이의 개방된 기단부도 있다. 이 기단부 내부에는 입체적으로 형성되는 거대한 광장이 있고 햇빛이 숭숭 들어오는 지붕은 네 개의 대형 콘크리트 기둥으로 지지되는 거대한 격자 슬래브 구조이다. 지하보행로 레벨에 위치하는 광장의 바닥은 많은 보행자들을 끌어들이고 한 층 위의 가로 레벨과 건너편의 플라스 데 자흐까지 자연스럽게 연결시키고 있다. 디자인이 썩 뛰어나다고 볼 수 없고 건너편에서 눈부심을 발생시키는 전면 유리가 문제로 지적되고는 있으나 독특한 아트리움을 가진 이 광장은 그 규모나 외부 가로와의 관계에서 가히 독보적이다.

콤플렉스 데자흐뎅은 몬트리올 실내도시의 세 가지 핵심 기능인 이동과 구매, 그리고 머물기가 통합된 최적 모델이라고 여겨진다. 이곳은 동네의 광장처럼 친구들을 만나고 무슨 일이 있는가를 보기 위해 찾아오는 사람들로 늘 붐빈다. 또한 주변의 길거리들도 재즈 페스티벌, 폭소 페스티벌, 영화제 등 각

종 행사의 무대로 사용되면서 실내와 마찬가지로 이동, 구매, 머물기의 활동이 활발하게 일어나고 있다.

플라스 몬트리올 트러스트 사례

실내도시 강화기인 1988년 완공된 플라스 몬트리올 트러스트Eberhard and Eidler, Zeidler Partnership Architects, Erol Argun 설계는 다섯 개 층에 걸친 상점가와 지하의 넓은 식당가, 두 개 층의 주차장 및 사무소 타워 등을 포함하며 매력 넘치는 디자인을 구현하고 있다. 건물은 도심의 거리에 면해 있으면서 건물 양 옆의 시몽과 이튼 센터를 지하로 연결하고 있다. 플라스 몬트리올 트러스트는 실내도시에서 푸드 코트를 중앙에 배치한 최초의 사례이다. 조명이 있는 분수, 키가 큰 수목, 대리석의 테이블 등이 있는 지하 2층에서 바라보는 분위기는 지하에서만 경험할 수 있는 색다른 공간 경험이다.

이 건물의 대형 아트리움은 가로에 면해 있어서 이를 통해 내부와 외부를 서로 바라볼 수 있다. 이러한 상호 조망은 지하 공간을 이용하는 사람들에게 매우 긍정적인 영향을 미친다. 층마다 변화하는 바닥판의 모양은 아트리움 내로 돌출부와 발코니를 만들면서, 그리고 전체 공간을 한 번에 드러내지 않으면서 시각적인 신비감을 연출하고 있다. 다양한 수직, 수평의 모양들, 캔틸레버 화분들, 외부 입면에서 들어오는 강력한 색깔 등이 어우러져 아트리움 공간은 시각적으로 매우 흥미롭다.

지상과 지하의 통합개발

도시의 진정한 활력은 지상과 지하의 세심한 통합개발에서 나온다는 것이 몬트리올 실내도시에서 얻을 수 있는 가장 중요한 시사점이다. 지상 또는 지하만 고려하였던 단절적 사고를 극복하고 지하를 도시공간의 통합 및 재생을 위해 활용하는 것이 중요한 것이다. 한편, 이러한 건축 및 도시적인 성취에도 불구하고 몬트리올 실내도시는 다음과 같은 문제들을 안고 있다.

첫째, 지상과 지하를 초기 단계부터 통합 개발하지 못하여, 남쪽으로 경사진 몬트리올의 지형적 특성을 활용하지 못하는 결과를 초래하였다. 즉, 지하공간에서 남쪽으로 개방될 수 있는 많은 기회를 상실함으로써, 자연스럽게 도로를 가로지르고 빛이 도입되며 다양성과 방향감을 제공할 수 있는 지하공간을 만들지 못하였다.

둘째, 지하철 차량 시스템의 기술적인 문제이다. 몬트리올 지하철의 고무바퀴 차량은 주행성과 경제성에서 장점이 있으나, 겨울철 지상에서는 운행할 수 없는 심각한 문제를 지녔다. 그 결과 불가피하게 지하로만 노선을 구축하였고 그에 맞추어 지하공간을 조성하여 과도하게 깊은 공간들이 생겨났다.

마지막으로 실내도시의 성공은 외부 보행환경의 희생으로 이루어졌고 사람들이 주로 상업적 이익을 위해 제공되는 실내

공간에 점점 매몰된다는 비판이 있다. 이는 실내도시가 동서축으로 더 확장되어 생 카트린 거리에 사람들의 보행량이 줄어들고, 그로 인해 가로 생활의 활력이 약화되는 현상으로 나타났다.

***

1994년 첫 방문 당시의 몬트리올은 모든 면에서 캐나다 제일의 도시였다삼성의 캐나다 본사가 몬트리올에 있었다. 그러나 1996년 캐나다 역사에서 초유의 사태가 발생한다. 몬트리올이 속한 퀘벡주가 캐나다에서 분리 독립을 하기 위한 주민 투표를 실시한 것이다. 결과는 아슬아슬한 부결51:49이었지만, 이는 몬트리올과 토론토가 너무도 다르다는 것을 보여준 분명한 예라고 할 수 있다. 토론토는 미국 도시를, 몬트리올은 프랑스 도시를 연상시킨다. 지하공간도 그랬다. 개발의 범위는 물론 조성된 공간의 질적인 측면에서 당시 몬트리올의 지하공간은 토론토의 그것보다 높은 수준을 성취하고 있었다.

1997년 지하공간국제연합ACUUS 회의의 논문발표를 위해 몬트리올을 다시 찾는다. 마침 박사학위를 마치고 국제무대에 첫인사를 하는 흥분과 함께 몬트리올 도시계획국의 변진박JP Byun 선생과 만남은 소중한 기억이다. 선생은 한국에서 철학을 전공했다. 미국으로 이민 와서 전공을 도시계획으로 바꿨는데 그 후 최종 정착한 곳이 몬트리올이 되었다. 선생의 인솔로 올드 몬트리올을 거닐면서 영국 여왕이 마셨던 커피를 진하게 경험케 한 것은 지금도 잊을 수 없는 추억이다.

토론토대학 교환교수 시절인 2006년, 실내도시를 샅샅이 훑어볼 요량으로 몬트리올을 다시 방문하였다. 도심에 멋지게 조성된 새로운 지하 보행통로들도 볼 수 있었지만, 10년 만에 다시 찾은 실내도시에 대한 전반적인 느낌은 쇠락의 분위기였다. 이는 분리 독립으로 촉발된 몬트리올 경제의 급격한 쇠퇴와 무관치 않으리라 생각되었다그동안 삼성의 캐나다 본사는 토론토로 옮겼다. 연구차 도시계획 담당 공무원인 베스너Jacques Besner를 만나기 위해 2009년 여름 다시 몬트리올을 찾았는데, 개발 수요가 없음을 증명하듯 3년 전과 달라진 모습이 없었다. 그러나 그때 만난 베스너와의 교류는 보다 깊숙한 ACUUS 활동의 계기가 되었다.

| 파리 레 알 |

"나는 생각한다 불완전하게, 고로 존재한다 불완전하게."

오래된 오늘

약 천 년의 도시 개발 대하드라마의 특별한 이야깃거리를 간직한 곳, 바로 파리 레 알Les Halles이다.

시장이라는 뜻의 레 알은 1115년 남과 북이 교차하는 파리의 어느 거리에서 식료품이 교환되는 노천시장으로 시작되었다. 이후 파리는 레 알을 중심으로 동심원 모양으로 성장해 왔고 그래서 프랑스의 유명한 문필가는 이곳을 파리의 복부라고 불렀다. 1250년 생선과 곡물 거래를 위한 최초의 건물이 들어서면서 레 알은 시장으로서의 정식 면모를 갖춘다. 사람들이 오가기 편했기 때문에 시장 영역은 16세기에서 17세기 초까지 크게 확대되었고 소금을 거래하는 건물도 세워졌다.

1748년 보다 여유로운 공간과 시장의 상징성을 드높이려는 목적으로 첫 현상설계가 실시된다. 승리는 보프랑Germaine Boffrand에게 돌아갔는데 그가 설계한 계획안은 기념비적인 형태의 시장 건물을 대지경계선에 따라 길게 배치하고 가운데 영역은 왕에게 헌정한 것이었다. 1767년에는 기존 곡물 시장 자리에 벽돌과 돌을 재료로 고리 모양의 새 곡물 시장이 건립되었고Nicolas Le Camus de Mézières 설계, 1787년에는 옷감 시장이 신축되었다Legrand & Molinos 설계.

세월이 흐름에 따라 각종 교역들이 폭증하면서 사람과 물건의 뒤엉킴, 위생과 보건 문제의 대두, 매춘 및 불법 상거래에 이르기까지 레 알에 많은 문제들이 발생했고 이는 곧 정치적인 이슈가 되었다. 한 때 레 알 인근 아파트에 살았던 나폴레옹은 레 알의 전반적인 개선을 국가의 최우선 과제로 공표하고 1811년 국유화한다. 레 알은 국유화를 계기로 식료품 전체와 꽃과 의복까지 취급하는 도소매 종합시장으로 재탄생한다. 1822년 생선과 버터 시장 건물이 나폴레옹의 허가로 새로 들어섰고, 1835년에는 도로 확장을 위해 기존 시장의 철거도 이루어졌다. 이러한 정비를 통해 일부 개선은 되었지만 레 알은 이미 포화상태이었다. 1839년 시장 전체를 이전해야 한다는 목소리가 정치권에서 처음으로 나왔다.

19세기 레 알

이런 어수선한 상황에서, 1843년 발타르Victor Baltard가 레 알의 환경 개선을 위한 책임건축가로 임명되었다. 건축가는 시장이 과연 파리 안에 있어야 하는지, 많은 종류의 시장들이 이렇게 한곳에 모여 있어야 하는지, 시장 건물들은 어떤 형태를 취해야 하는지 등을 고민하였고 그에 따른 설계안들을 계속 탐구하였다. 1848년 건축가는 직선 축에 배열되는 여덟 개의 석조 건물 계획안을 발표하였고, 1851년 나폴레옹 3세는 이 안을 재가한다. 그가 설계한 레 알은 요새로 불릴 만큼 육중한 석재 벽과 강철 박공지붕의 기념비이었다. 즉, 대지의 상황과 사회의 변화와는 무관하게 프랑스의 건축적 양식앙피르 양식을 계승한다는 의지가 강하였다.

무슨 시장 건물이 이토록 폐쇄적이고 권위적이냐고 불만들이 당장 튀어나왔다. 거리를 지나다니는 사람들이 상품을 볼 수 없도록 만든 것에 대해 특히 상인들이 불만을 토했다. 그리하여, 첫 번째 시장 건물이 거의 완공될 무렵인 1853년 공사 중지 명령이 떨어졌다. 당시 파리시장에 취임한 오스망Georges Eugéne Haussmann이 설계안의 변경을 요청한 것이다. 결국, 나폴레옹의 질책과 오스망의 주도로 진행되었던 건물은 철거되었고, 오스망은 건축가에게 부르주아 사회의 문화와 기술이 집약된 공간을 철과 유리로 만들 것을 주문하였다. 레 알을 파리의 철 우산, 철 지붕으로 재탄생시켜 역사성과 자유로운 상거래가 가능한 전천후 유토피아 시장으로 만들고 싶었던 것이다.

1863년, 그렇게 레 알은 철과 유리로 된 열두 개의 파빌리온 건물로 다시 태어난다. 소설가 에밀 졸라는 이러한 레 알을 당시 가장 독창적인 건축물로 평가했다. 건축사적으로는 도시 공간의 내부화 사례로 가치를 부여할 수 있다. 즉, 시장 안으로 빛이 떨어지고 상인들과 사람들 사이에서 만들어지는 크고 작은 길들이 유기적인 조직을 형성하여 내부 활동을 극적으로 상승시키는 것이다.

20세기 레 알

1950년대 후반 이후 프랑스에서는 도시 공간에 대한 급격한 사고 변화와 인구 증가에 따른 경제적, 사회적 변화로 다양한 도시 개발 제안들이 발흥되었다. 공간 도시, 역동 도시, 버섯 모양 타워 등 대부분 상상의 제안paper architecture들이었지만, 위투지안의 제안만큼은 달랐다. 바로 도시공간의 지하화, 즉 지하 도시계획이었다. 그는 지하어버니즘연구회GECUS를 조직하여 이에 대해 집중적으로 탐구하였다.

사실, 프랑스에서 도시공간의 지하화는 1769년부터 구상되었다. 최초의 관점은 도시를 깨끗하고 아름답게 유지하기 위해 활용한다는 기반시설로서의 지하이었다. 1894년 파리의 거대한 지하 하수구 시스템의 완성은 이러한 전통의 결과로 나타났고, 비앙브뉴Fulgence Bienvenüe의 지하철 계획1895~1898과 에나Eugène Hénard의 미래의 도로Rue future, 1911 등 활발한 제안들도 잇따랐다. 이렇듯 위투지안의 지하어버니즘은 탄탄한 역사적 배경 속에서 나타난 것이었다.

위투지안은 잡지 '지하세계1933~1967'를 통해 자신의 이론을 주장하고 소통하였다. 궁극적으로 그의 주장은 지상에 펼쳐진 수평적인 도시의 기능들이 지하 수직 지대의 설정으로 보완되고 완성된다는 것이었다. 따라서 역사 도시 파리에서는 전면 철거를 통해 재개발하는 르 코르뷔지에식의 부아쟁 계획Plan Voisin보다 그의 제안이 훨씬 큰 설득력이 있었다. 그 결과 그가 계획한 성삼위 교회 지하주차장을 비롯하여 가르니에의 오페라 광장 지하공간 개발, 폴 메이몽의 세느강 지하화와 같은 계획들이 속속 등장하였다.

드디어, 도시공간의 지하화라는 계획을 실현하는 꿈의 프로젝트로 레 알이 등장한다. 사실 기존의 레 알 시장은 인구 증가에 따른 상거래 기능의 한계 초과와 교외 낙후지역의 활성화라는 개발 전략이 맞아떨어져 20세기 초부터 이전해야 한다는 논의가 계속 있었다. 1962년 파리시는 레 알을 교외 지역인 룽기스Rungis로 이전하는 계획을 발표한다. 기존 레 알 지역은 재개발을 통해 완전히 현대화한다는 구상이었다.

1969년 육류시장을 제외한 다른 시장들이 옮겨갔고 1973년 육류시장마저 이전하면서 19세기 레 알은 110년의 역사를 끝으로 사라졌다. 이제 20세기 레 알을 위해 프랑스에서는 대규모 도시 개발에 대한 역사적인 해석과 도시 형태에 대한 논의가 촉발되었다. 레 알은 더 이상 지난 시대의 유물이 아니라 파리가 당면한 도시 문제를 해결하는데 긴요하게 소용될 핵심 대상지이었다. 발타르가 설계한 열두 개의 파빌리온 건물들은 이미 모두 철거된 상태이었다.

새로운 레 알이 나아가야 할 방향으로 위투지안의 전략이 새삼 부각되었다. 한정된 면적에 문화, 스포츠, 상업시설과 거대한 지하광장일명 '포럼'은 물론 주차장과 철도역RER과 지하철, 그리고 지하도로까지 공간의 기적을 연출해야 하는 까다로운 조건 때문에 지하어버니즘이 강력한 추진력을 받게 된 것이다. 사회적으로도 '지하도시여 영원하라!'는 구호가 회자될 만큼 이제 도시의 지하 구상은 익숙한 개념이 되어 있었다.

레 알 부지를 지하로 개발하는 것은 소요 공간을 해결하는 기적뿐만 아니라, 유서 깊은 주변 건축 유산의 경관 보호와 멋진 녹지공간을 지상에 만들어주기 위해서도 필요한 전략이었다. 또한 공원과 광장 등 대규모 공공공간의 조성을 통해 자본이 지배하는 기존 도시공간의 한계를 극복하는 이정표도 세울 수 있었다. 이상의 원칙으로 무장하여 1967년, 1975년, 1979년 등 수차례에 걸쳐 공모전이 진행되었다. 비록 당선작을 선정하는 데는 이르지 못했지만, 출품된 작품들의 주된 흐름은 위투지안의 원칙이 담겨있었다.

논의만 무성할 뿐, 새로운 레 알의 실체는 나타나지 못한 채 세월이 흘러갔다. 1982년 훗날 대통령이 된 시라크Jacques Chirac 파리시장은 이 상황의 종식을 위해 강력한 정치적 중재를 실행하였고, 그 결과로 '지하의 거대한 보이드포럼와 그 주위를 둘러싼 솔리드건물, 자연 친화와 인간적인 면이 부각된 지상의 공원, 시민들이 스물네 시간 자유롭게 오가는 지하보행로'의 모습을 지향한 레 알이 새롭게 나타났다.

새로운 레 알은 그러나, 이전의 파빌리온을 연상시키는 절충적인 형태, 지상 건물 내외부에서의 복잡한 동선, 지하 포럼과 지상 공원과의 연결성 부족, 역사적인 근거가 빈약한 지상 공원의 기하학 구성과 뚜렷한 기능 없이 늘어선 공작물 등으로 인하여 기존 시장의 핵심 가치인 도시공간의 내부화와 장소성을 오롯이 구현하지 못한다는 비판을 받았다. 더구나 이러한 지상과 지하의 불협화음은 위투지안의 의도와도 다른 것이었다.

아무튼 20세기의 레 알은 이렇게 완성되었다. 나는 이곳을 두 번 방문하여 현지 관리회사로부터 자세한 설명을 듣기도 하고 구석구석 사진을 찍으며 오래 머물러도 보았다. 강력한 인상을 주는 곳이 분명하기는 했지만, 솔직히 이러한 식으로 서울 어느 곳을 개발하면 어떨까 생각해보면 고개가 가로로 저어졌다. 하지만 레 알은 프랑스 최초 지하 도시계획의 기념비이다. 그리고 이를 발판으로 라 데팡스, 루브르 박물관 등 한층 진보된 도시 지하공간들이 등장한다이이엠 페이가 설계한 루브르 지하는 공간 자체가 예술품이다!. 오히려 이것들이 더 중요한 의미를 갖는지도 모르겠다.

21세기 레 알

레 알은 20세기에 머물러 있지 않았다. 아니 그럴 수가 없었다. 파리 도시계획의 자존심이기도 했지만 당면 문제들이 작지 않았기 때문이었다. 오랜 시간 어렵게 만들어진 20세기 레 알은 출퇴근길의 쏟아져 들어오는 인파로 인해 예측불허의 무질서한 환경이 펼쳐졌고 언젠가부터는 파리에서 가장 안전하지 못한 곳이라는 악평도 얻게 되었다.

이와 같은 병폐를 해결하기 위해 파리시는 다시 수술칼을 집어 들었고 이 작업에 렘 콜하스와 망쟁David Mangin도 뛰어들었다. 렘 콜하스는 지상과 지하 사이에 존재하는 극심한 혼란 현상을 제거하기 위해 스물한 개의 유리 타워들을 제안하였다. 독특한 형태의 유리 타워들은 지상과 지하의 적극적이고 구체적인 교류 장소로 계획되었고, 아방가르드 건축가답게 전체 대지에 파격적인 변화를 주면서 새로운 풍경을 만들었다.

그러나 '21세기 레 알'의 성취는 프랑스적인 도시 전통을 가장 잘 계승한 망쟁이 거머쥐었다. 망쟁은 지상의 공원을 재구성하면서 19세기 파리지앵의 핵심 문화인 산책길을 추억하였고, 하늘을 향해 막연히 열려있던 지하 포럼 위로는 거대한 유리 지붕을 덮어 지하 포럼을 특별한 장소로 강조하였다. 이는 발타르가 최초로 만들었던 '파리의 우산, 지붕'을 시대적으로 재해석하고 큰 스케일로 재창조한 것이다. 21세기 레 알에서 지하는 찬양의 대상이다. 아울러 그 위의 새로운 지붕은 도시의 축을 아름답고 고상하게 정렬한다.

이처럼 망쟁의 제안은 지붕이 중요한 의미를 지니는데, 파리시는 이것을 인정하여 지붕만을 위한 별도의 공모전을 개최한다. 현재 레 알의 지붕은 지난 2007년 전 세계 104개 팀이 응모한 공모전을 통해 건축가 베르제Patrick Berger와 안지우티Jacques Anziutti의 캐노피Canopée가 당선되어 실현된 것이다.

| 런던 크로스레일 |

"저축의 최고 미덕은 베푸는 삶이 가능하다는 것입니다.
그럴 때만 삶에 온기가 돈답니다."

런던 크로스레일은 27조 원의 예산이 투입된 유럽에서 가장 큰 규모의 기반시설 프로젝트다. 전체 길이 118.5킬로미터인 크로스레일은 런던 주변에 사는 백오십만 이상의 주민들을 시속 백킬로미터의 속도로 45분 만에 도심으로 이동시킨다. 도심에는 열 개의 역사가 지하 60미터 깊이에 새로 건설되었다. 엘리자베스 노선이라는 이름으로 운행되는 크로스레일은 매년 이억 명 이상의 승객들을 태울 것이다.

크로스레일이라는 이름은 1974년 처음 등장하는데, 이는 한계에 도달한 런던의 대중교통 환경을 해결할 흥미로운 제안으로 평가되었다. 그러나 이 안은 막대한 예산 문제에 봉착하여 수면 아래로 잠긴다. 1989년 런던의 철도수송력에 심각한 어려움이 드러나면서 크로스레일이 다시 제기되는데, 결국 1990년 영국 정부는 크로스레일의 추진을 결정한다. 그리고 이듬해 예산안이 국회에 제출되나 때마침 불어 닥친 경제 위기로 예산안이 국회에서 거부된다.

1994년 기반시설의 설치를 민자로 추진할 수 있는 법법이 생기면서 크로스레일은 새로운 동력을 확보한다. 2000년 노동부의 10개년 교통계획은 런던의 동서가 철도로 연결되어야 한다는 것을 확증하였고, 2002년 그 후속 조치로 크로스런던철도회사[CLRL]가 만들어진다. 장기간에 걸친 CLRL의 노력으로 2008년 드디어 크로스레일법이 만들어졌고, 이로써 서쪽의 메이든헤드와 동쪽의 쉔필드에 이르는 노선을 민간자본이 참여하여 건설하기로 확정한다. 크로스레일이 등장한 지 35년 만인 2009년 착공에 들어가서 2019년 12월 완전 개통되었다.

크로스레일은 런던 지하로 42킬로미터 길이의 터널을 뚫기 위해 대규모 TBM[Tunnel Boring Machine]을 여덟 대 투입하였다. TBM 한 대의 무게는 천 톤, 길이는 150미터나 되었고, 운용인력 스무 명이 하루 24시간을 가동하여 꼬박 삼 년을 작업하였다. 터널 공사의 주당 목표는 100미터이었는데, 공사 속도가 빠른 날에는 하루 72미터도 진행되었다. 전체적인 하루 평균은 38미터이었고 터널 내부는 이십만 개 이상의 지보재로 마감하였다.

경제 및 환경 효과

크로스레일은 런던의 동서 방향을 획기적으로 개선함으로써, 주거지 건설의 촉진, 폭넓은 지역 재생의 지원, 일자리와 사업 기회의 창출 등에서 약 62조 원의 경제효과를 유발하는 것으로 평가되었다. 프로젝트를 진행하면서 칠만오천 개 이상의 사업 기회가 창출되었고, 오만오천 개의 일자리가 새로 생겼다. 공사의 진행이 최고조에 달했을 때는 마흔 곳 이상의 현장에서 만 명 넘는 노동자들이 동시에 작업을 하였다. 공사 참여사의 62퍼센트가 런던 밖에 위치한 회사이었고, 전체 참여사의 62퍼센트는 중소기업이었으며 이 중 44퍼센트가 크로스레일이 마수걸이 공사인 것으로 나타났다. 크로스레일의 개통으로 런던의 철도수송 능력은 10퍼센트 향상되었고 새롭게 삼십만 개의 일자리가 창출되었다.

크로스레일 공사의 도심 공구에서는 84퍼센트의 건설기계에 오염 저감 장치를 부착하였다. 또한 굴착을 통해 생긴 토사 중 98퍼센트삼백만 톤는 에식스Essex 지방의 자연보전을 위해 사용하였다. 크로스레일 개통으로 매년 1,300톤 이상의 이산화탄소 배출이 줄어들고, 지상 자동차도로의 혼잡 또한 완화되어 도로교통 사고율이 2퍼센트 이상 감소될 것이다.

사회 공헌 및 유물관리

크로스레일은 공사 중에 천 개 이상의 도제 프로그램을 운영하였고 터널 지하공사 아카데미TUCA를 설립하여 이만 명의 사람들에게 터널 굴착, 지하 공사에서 요구되는 핵심 기능에 대한 실무 훈련을 시켰다. 또한, 크로스레일 노선 주위에 거주하는 오천 명 이상의 사람들에게 파트너십 프로그램을 통해 일자리를 마련해 주었고, 젊은 크로스레일Young Crossrail 프로그램을 운영하여 사만 명 이상의 학생들에게 프로젝트 및 엔지니어링에 대해 홍보를 하였다.

크로스레일은 공사 시작 이래로, 백 명의 고고학자들이 마흔 개의 유적지에서 5,500만 년의 기간을 갖는 많은 유물을 발굴하였다. 이러한 과정에서 135회 이상의 행사를 개최하였는데, 대표적으로 2017년 개최된 '터널: 크로스레일의 고고학' 전시회에는 96,750명이 방문하였다.

역 주변 개발 및 예술작품

크로스레일은 런던 도심 역들 주변 열두 개 부지에서 약 30만제곱미터의 업무, 상업, 주거공간을 개발하여 7,200여억 원의 수익을 얻었다. 또한, 주택 오만칠천 호를 포함하여 50만 제곱미터의 주거 및 상업공간을 개발하였고 장기적으로 18만 호의 주택들이 들어설 계획이다.

이번에 역사 주변의 공공공간을 함께 다룬 것은 크로스레일 프로젝트가 잘한 점이다. 도보, 버스와 택시, 자전거를 사용하여 역으로 오는 사람들에게 편리한 외부공간을 만들어주고, 그곳에서 시간을 보내는 사람들에게는 매력 있고 즐거운 환경이 되도록 한 계획은 새로운 패러다임이다. 이러한 공공공간의 디자인 원칙은 '매력, 적응, 지속가능성'인데, 당연히 무장애 설계, 명료하고 안전한 환경은 물론 지역의 정체성도 포함한다. 이렇게 해서 조성된 공공공간은 서른한 개 역사 주변의 마흔 개 부지에 광장, 식재, 자전거보관소 등으로 조성된 19만제곱미터이다.

크로스레일은 예술재단을 세워 대중 예술 프로그램을 운영하고 있고, 책임예술가를 두어 예술과 문화 그리고 창조성이 잘 구현되도록 하였다. 일곱 개의 신규 역사에 아홉 명의 예술가들이 열 개의 작품을 설치하였는데, 이 작업은 런던 소재의 미술관들과 협력 관계로 진행되었다. 작품들의 설치 비용은 시청과 후원기업들과의 매칭 펀드로 운영하여 해결하였다.

템스강 위 정거장 건설

카나리 와프는 템스강을 좌우로 두고 있는 선창가인데, 현재는 런던의 핵심지로서 고층 건물의 대다수가 이곳에 위치하며 뉴욕의 월가와 같이 금융의 핵심 역할을 담당하고 있다. 크로스레일을 진행하면서 당연히 이곳에 정류장이 건설되어야 했는데, 문제는 이미 지상에는 건물들이 꽉 들어차 있어서 신축 역을 위한 공간이 없다는 것이었다. 이에 대한 해결책으로 크로스레일은 북쪽 도크의 수공간을 활용하기로 한다. 즉, 도크 상부로 역을 신축하고 그 하부에 승강장을 만드는 방안이었는데, 결국 수면 아래에 정류장이 들어서야 하는 난제가 해결되어야 했다.

온고지신이라고 했던가, 크로스레일은 교량 건축을 위해 18세기부터 사용하기 시작한 우물통Caisson 공법을 카나리 와프 역 신축에 대규모로 적용하기로 한다. 이러한 과정에서 올림픽 수영장 마흔 개 규모에 해당하는 일억 리터의 강물을 퍼내었고, 지하 30미터까지 30만톤의 토사를 굴착하였으며 콘크리트 약 38만톤을 사용하여 역사를 만들었다. 역의 최종 모습은 부두에 정박해 있는 배 모양을 띠는데, 세상에서 가장 창의적이고 아름다운 지하철역이 따로 없다.

건물 및 땅 꺼짐의 관리

유서 깊은 런던의 도심을 깊고 긴 터널로 횡단하는 크로스레일에서는 국내에서 한때 뜨거운 관심이 일었던 싱크홀 현상이 나타나서는 안 되었다. 그러나 현실은 녹녹치 않았다. 일반적으로 한 개의 직선 터널은 지반 거동 패턴이 단순하지만, 크로스레일과 같이 협소한 부지에 역 터널, 승강장 터널, 횡단통로, 에스컬레이터 통로 등 다양한 조건들이 결합된 경우는 예상치 못한 지반 거동이 발생할 수 있기 때문이다. 크로스레일은 시공 전에 천 개 이상의 코아 채취를 통해 전면적인 지반조사를 실시하였다. 또한 터널 굴착 중에는 주변 지반과 상부 건물에 대한 영향을 최소화하기 위해 지반 무게와 굴착 양의 상관비를 계산하여 굴착 압력을 정밀하게 관리하였다.

아울러 건물들의 안정성을 확인하기 위해 육만오천 개 이상의 감지기를 장착하여 지속적인 자료 수집 및 거동 감시를 하였다. 감지기들은 노선 주위의 건물들에 부착된 프리즘을 통해 자동으로 '경도/위도 변위 데이터 수집, 수위 변화 감지, 지표면 변화 검출, 터널 내부 변위 데이터 수집, 지하 거동 측정'과 같은 임무를 수행하였다.

감지기의 역할이 미세한 변화를 알아차리는 것이라면, 다음 단계에서 중요한 일은 이를 어떻게 해결하느냐이다. 즉, 지반 안정성을 어떻게 확보할 것이냐의 과제인데 크로스레일은 상쇄 그라우팅 기법을 사용하여 해결하였다. 상쇄 그라우팅 기법이란 지하 공사를 통해 변화된 지반환경을 면밀히 검측하여 그 손실 위험을 시멘트 그라우트로 보상하는 것이다. 이를 위해 기술자들은 정밀 계산을 바탕으로 적절한 깊이의 수직 샤프트들을 설치하였고, 수직 샤프트에 다시 여러 개의 수평 파이프들을 부채꼴로 장착하였다. 장치들은 감지기가 보내온 데이터와 연동되어 자동으로 시멘트 그라우트를 땅속으로 분사하는데, 그 결과 지반이 들어 올려지거나 지상에서 생길 수 있는 변위가 감소된다.

건설정보모델링 적용

크로스레일은 생애주기 개념으로 건설정보모델링BIM을 구현한 최초의 대규모 기반시설 프로젝트다. 크로스레일의 BIM은 프로젝트 정보 데이터베이스에 연결되어 프로젝트 전 주기를 통해 데이터를 생성, 구축, 관리하는 프로세스로 운영된다. 크로스레일은 BIM을 활용하여 중앙집중식 연결 데이터베이스를 구축하고 이를 설계와 시공, 그리고 운송까지 연결하여 백만 개의 도면 파일을 작성하고 승인하였다. BIM은 크로스레일에 사용된 모든 자재에 대해 물리적, 환경적, 상업적 정보들을 통합하여 가지고 있다. 결과적으로 크로스레일은 BIM의 도입을 통해, '설계와 시공의 상호작용 및 활동에 대한 가시성을 높임으로 잠재 위험을 감소, 복잡한 상세 및 공사 진행 과정에 대한 지식으로 안전의 증진, 자료 관리의 실수 감소, 각종 정보와 3차원 모델과의 결합을 통해 설계와 시공간의 협업관계 증진, 모든 자산 정보를 운영 및 관리단계까지 넘김으로써 정보 유지' 등을 성취하였다.

프로젝트인가, 유산인가

크로스레일이라는 이름이 영국 사회에 처음 등장하고 완전한 실현이 이루어지기까지 45년이라는 세월이 걸렸다. 영국은 건국 이래 최대 규모의 지하 기반시설인 크로스레일 프로젝트를 통해 기술, 교통, 일자리, 지역개발, 환경, 문화는 물론 사회 통합의 지속가능성까지 성취하고자 노력하였다. 그러한 성취를 가능하게 한 원동력은 '시민들의 일상에 도움을 주는 동시에 다음 세대에 좋은 유산을 남기고자 한' 크로스레일 프로젝트의 분명한 비전 때문이라고 생각한다.

우리의 경우, 청계천 복원, 4대강 사업, GTX, 영동대로 지하개발 등 사업의 내용은 물론 예산 규모 또한 각기 다르지만, 프로젝트에 면면히 흐르고 있는 사고와 개념은 같은 속성인 것 같다. 프로젝트를 통해 역사의 유산을 만들어 가기보다는 그 준공에 매몰되는 것이다. 프로젝트를 비전의 실현 및 성취 수단으로 보지 못하고 준공에만 급급하다면, 그 과정에서 낭비되는 자원과 상실되는 국가 부흥 및 사회 통합의 기회들은 생각조차 하지 못할 것이다.

| 홍콩과 싱가포르에서의 만남 |

"질투자의 대상은 실체가 아니라 상상하고 만들어 낸 허상입니다.
허상이어서 꿈쩍하지 않고, 본인이 만들어서 견고합니다.
죽음보다 강한 것은 사랑이 아니라 질투입니다." _이승우(2017)

2017년 2월 홍콩 지하철Mass Transit Railway 회사와 싱가포르 지하철Singapore Mass Rapid Transit 회사를 방문하였다. 이들과의 만남을 통해 지하철 임대상가, 광고, 편의시설 등 부속 사업 전반에 대한 이야기를 나누었다.

홍콩 지하철(MTR)

MTR은 홍콩 정부가 1975년에 설립하였고 지하철 운행은 1979년부터 시작하였다. 2000년에는 주식의 23퍼센트를 매각하며 홍콩 증권시장에 상장하였고 2007년에는 가우룽Kowloon~광저우Canton 철도를 인수 합병한다. 2016년 현재 지하철 9개 노선 85개역 177.4킬로미터, 공항철도 5개역 35.2킬로미터, 경전철 68개역 36.2킬로미터 등 총 158개역 220.9킬로미터를 하루 19시간 동안 운행하고 있다. 또한 네 개 노선 52.6킬로미터를 신설하는 프로젝트를 진행하고 있다. 지하철 운임은 매년 정부 주도 위원회에서 결정하는데, 최소 3.7홍콩

달러(약 540원)에서 거리에 따라 증가하고 동일 거리라도 터널을 통과하면 높은 운임을 부과하고 있다.

2016년 기준으로 MTR은 임대상가 1,351개와 역과 차량의 광고 유니트 45,000개 이상을 운영하고 있다. 부대사업 중 임대상가가 차지하는 비율은 약 66퍼센트에 달한다. MTR은 홍콩에서 가장 큰 부동산개발 및 관리 회사이기도 하다. 시내 41개 부지에서 89개 건물을 개발, 운영하고 있고 다섯 개 부지는 개발 중이다. 현재아파트 96,066세대, 상업 및 업무공간 764,003제곱미터를 임대 중이며 열세 개의 복합상업 몰을 운영하고 있는데, 가장 대표적인 것이 가우룽역에 있는 엘레멘츠(ELEMENTS)이다. 홍콩에서 가장 높은 건물인 118층의 국제무역센터와 88층의 건물(Two IFC)도 소유하고 있다.

홍콩에서의 대화

임대상가

질문〉 지하철역 점포의 운영방식은 분양인가 임대인가?
대답〉 홍콩 지하철이 직접 임대를 준다.

질문〉 임차인 선정의 특별한 점은?
대답〉 점포의 종류는 사회적 결합을 안배하여 선정한다. 가령 구두수선, 세탁소 같은 점포는 수익성이 낮아 임대료를 많이 낼 수 없지만 지역 주민의 편의를 위하여 선정한다.

질문〉 임대료는 얼마인가, 주변 지상의 시세와 비교하면 어느 정도 수준인가?

대답〉 상가의 면적이 작기 때문에 면적당 가격은 오히려 높다. 같은 크기의 점포라도 기본금 이외에 수익의 10퍼센트를 내기 때문에 임대료는 같지 않다.

질문〉 상가 운영에 대한 세부적인 지침이 있는가?

대답〉 상가의 운영, 디자인 등 다양한 매뉴얼이 있다. 정부에서 정한 지하철 상가의 지침도 까다로워서 점포의 화재 발생 시 역사와 차단하는 방화셔터를 설치하고 있다. 방화셔터가 내려오는 레일과 라인은 항상 비워 놓아야 하기 때문에 점포 밖으로 물건을 내놓으면 강하게 규제한다. 또한 음식 점포에는 화재 발생을 대비하여 가스 사용을 규제하여 상가들이 이미 제조된 음식을 간단하게 데워서 고객에게 제공한다.

질문〉 점포주들이 그러한 규칙을 지키지 않았을 때 어떠한 제재를 받는가?

대답〉 포인트 제도를 운영하는데, 기본 20포인트에서 규칙을 지키지 않으면 포인트를 차감한다. 10 포인트가 되면 해당 점포를 감시하는 인원이 배치되고 그

인원의 인건비를 해당 점포에서 부담한다. 0 포인트가 되면 해당 점포는 나가야 한다.

질문〉 점포의 조성에 대한 어떠한 규정이 있는가? 예를 들면 점포의 크기, 업종 제한, 마감재 사용 등

대답〉 점포의 크기는 평균 25제곱미터이고 점포 조성 시 손님의 대기 라인도 점포의 경계 안에 포함시켜야 한다. 업종과 마감재는 역마다 건축가가 디자인 가이드라인을 만들어 선정한다.

질문〉 홍콩 지하철에서는 부대 사업이 번성하고 있는 것 같은데 그 핵심 이유가 무엇이라고 생각하는가?

대답〉 점포의 다양한 안배를 통하여 지역 주민들에게 필요한 시설을 두어 시민들이 찾아올 수 있는 상가를 만드는 것이다.

질문〉 현재 홍콩 지하철 역사 점포에서 가장 장사가 잘되는 업종과 잘되지 않는 업종은 무엇인가?

대답〉 간단한 음식을 파는 점포와 제과류 점포가 수익률이 높다. 반면에 구두수선, 세탁소 같은 지역 주민 편의시설은 수익률이 낮다.

질문〉 홍콩 지하철 역사 중에서 역사 부대사업이 가장 잘되고 있는 대표적인 역들을 추천한다면?

대답〉 센트랄Central Station과 코즈웨이 베이Causeway Bay가 대표 역들이다.

광고

질문〉 홍콩 지하철의 광고사업에 대한 전반적인 설명을 부탁한다.

대답〉 전통적인 광고 패널, 디지털 패널, 자립식 디스플레이, 플라즈마 스크린, 멀티미디어 방송, 무가지인 지하철 신문 등 전통 방식부터 신매체의 광고까지 다양한 플랫폼을 제공하고 있다.

질문〉 위의 사업 중 가장 수익이 좋은 것과 가장 수익이 좋지 않은 것은 무엇인가?

대답〉 전통적인 방식의 광고인 출력물 광고가 신매체 광고보다 수익이 좋다.

질문〉 광고사업은 직영인가, 아니면 위탁을 주는가?

대답〉 위탁이다. 단일 위탁 업체를 두지 않고 홍콩 지하철 지역을 크게 남과 북으로 나누어 두 개 업체에 위탁을 하고 있다. 이를 통해 두 업체가 경쟁하고 더 좋은 광고 서비스를 제공하도록 유도한다.

질문〉 광고의 내용 및 업종 규정, 광고의 설치 금지지역과 같은 운영 매뉴얼이 있는가?

대답〉 운영 매뉴얼은 있으나 위탁 업체가 권리를 가지고 있어서 전체 역사 광고를 위탁 업체에게 위임한다. 따라서 새로운 방식과 시도가 이루어진다.

질문〉 지하철 광고사업의 전망을 어떻게 보는가? 스마트폰 보급이 광고사업에 미치는 기회와 손실은 무엇인가?

대답〉 광고는 수익을 내는 것뿐 아니라 시민들에게 홍콩 지하철의 기업 이미지를 높이는 수단이다. 새로운 매체의 광고 도입을 통해 시민들에게 홍콩 지하철의 좋은 인식을 주려고 한다.

질문〉 홍콩 지하철은 디지털 광고를 어떻게 활용하고 있는가? 이를 통해 수익의 창출이 과연 가능한가?

대답〉 디지털 광고와 같은 신매체는 초기 설치 비용이 많이 들어 수익성이 높지 않다. 하지만 홍콩 지하철은 변화하는 환경에 적응하는 기업의 이미지를 시민들에게 보여주고 광고 방식의 다양성을 높이기 위하여 신매체를 도입하고 있다.

질문〉 한국은 스마트폰의 보급과 경기 위축으로 지하철 광고시장의 상황이 계속 나빠지고 있다. 이를 타개할 수 있는 조언을 준다면?

대답〉 홍콩 지하철은 QR 코드와 같은 스마트폰을 이용한 광고와 신매체 광고의 활성화를 통해 극복하려고 하고 있다.

자동판매기

질문〉 자동판매기들의 종류와 운영방식에 관해서 설명해 달라.

대답〉 사진 촬영과 음료 자판기도 있지만 주로 은행의 현금자동인출기ATM가 대부분이다.

질문〉 자동판매기들이 홍콩 지하철의 수익에 얼마나 도움이 되고 있는가?

대답〉 현금자동인출기는 수익에 도움이 되기보다는 이용 시민들의 편의를 위한 시설이다.

질문〉 새롭게 도입하고자 하는 자동판매기 사업 분야가 있는가?

대답〉 자동판매기 기계와 그 앞에서 기다리는 사람들의 줄이 통행에 불편을 주기 때문에 도입을 고려하지 않는다. 현금자동인출기도 가능하면 통로 안쪽으로 들여서 배치하려고 한다.

싱가포르 지하철(SMRT)

SMRT는 1983년 설립되어 2000년 싱가포르 증권시장에 상장된 민간기업이다. 현재 싱가포르는 이 회사와 역시 민간기업인 SBS Transit지하철 2개, 경전철 2개 노선 운영이 지하철 운송 시장을 양분하고 있다. 2016년 현재 싱가포르 지하철은 지하철 3개 노선 84개역 129.8킬로미터, 경전철 1개 노선 14개역 7.8킬로미터 등 총 98개역 137.6킬로미터를 운영하고 있다. 지하철 운임은 매년 정부가 주도하는 위원회에서 결정되는데, 거리에 따라 최소 0.78싱가포르달러약 630원에서 최대 2.28싱가포르달러약 1,840원까지 부과하고 있다.

SMRT는 지하철 운송사업 외에도 버스, 택시, 광고, 상가 임대, 엔지니어링 및 기타서비스 등의 분야에 사업을 진행하고 있다. 지하철 운영을 중심에 두고 연관된 모든 사업 분야들이 최고의 시너지 효과를 발휘할 수 있도록 많은 노력을 시도하였고 지속적으로 새로운 아이디어들을 개발하고 있는데 주요 내용들을 살펴보면 아래와 같다. 그리고 이러한 활동으로 마케팅 매거진 선정 최고상과 세계대중교통협회에서 수여하는 비즈니스 모델 혁신상을 수상하였다.

*이커머스 플랫폼인 iMOB을 시티은행, 워너브라더스, 디즈니, 제이지그룹 등과 제휴 운영

*SMRT 신용카드를 출시하여 회원에게 iMOB샵, Kallang Wave 몰, SMRT 이용 등에 혜택 부여

*스마트폰과 연동하여 SMRT 역 구내 광고를 접속하는 승객들에게 포인트를 지급하고 구매할 수 있는 Wink+ 앱 운영

*지하철에 부속된 상가 지역을 Xchange라고 명명하여 정체성을 부여하였고 주요 역에서 번개 매장Pop-in, Pop-up들을 운영

*디즈니 프랜차이즈 영화와 광고를 결합하여 시민들에게 재미를 선사

*높은 임대료를 받는 최적화된 단기 리스 공간 운영

싱가포르에서의 대화

임대상가

질문〉 지하철역 점포의 운영방식은 분양인가 임대인가?

대답〉 임대이고, 역 내에는 주로 편의점을 선정한다. 현재 임대면적 38,000제곱미터, 상가 수 820개[평균 46제곱미터/개]이고 영업률은 98퍼센트며 이벤트 공간 100곳을 운영하고 있다.

질문〉 임대료는 얼마인가, 주변 시세와 비교하면 어느 정도 수준인가?

대답〉 단위 면적당 임대료는 주변 지하의 상가와 비교하여 높은 편이다.

질문〉 상가운영에 대한 세부적인 지침이 있는가?

대답〉 매뉴얼이 있다. 상가 임대료를 극대화하기 위하여 다양한 상가를 유치한다.

질문〉 점포주들이 그러한 규칙을 지키지 않았을 때 어떠한

제재를 받는가?

대답〉 키오스크 점포의 경우 점포 영역을 표시하는 선과 카펫으로 점포 안 영역을 만들어 그 안에서 점포를 운영하게 한다. 통행에 지장을 주는 행위는 시에서 정한 규칙에 따라 시민 안전을 위하여 엄격하게 통제한다.

질문〉 점포의 조성에 대한 어떠한 규정이 있는가? 예를 들면 점포의 크기, 업종 제한, 마감재 사용 등

대답〉 사용자가 오래 기다리지 않고 물건과 음식을 구입할 수 있는 즉석 제공Quick pick과 작은 점포를 지향한다. 마감재를 포함한 점포의 간판 등 디자인을 모두 보고 받고 허가한다.

질문〉 SMRT에서는 부대 사업이 번성하고 있는 것 같은데 그 핵심적인 이유가 무엇이라고 생각하는가?

대답〉 짧은 기간마다 아이템이 바뀌는 번개 매장을 직접 운영하여 이용객에게 흥미를 주고 활발한 활동을 유도한다.

질문〉 현재 SMRT역사 내 점포에서 가장 장사가 잘되는 업종과 잘되지 않는 업종은 무엇인가?

대답〉 음식과 제과를 파는 점포가 잘된다. 전통적인 의류 판매는 잘 안 된다.

질문〉 XCO[X Collective Pte Ltd]에 대해서 설명해 달라. 이 회사를 왜 만들었으며, 이것의 효과는 어떤가?

대답〉 XCO는 SMRT의 100퍼센트 자회사로 2015년 9월 출범하였는데, 미디어, 마케팅, 자산 및 임대관리 등을 담당한다. 즉, 기존에 상가를 임대만 해주는 수동적인 자세에서 벗어나 사업영역을 확대한 것이다. 이를 통해 2015년 79.6$m[640억 원]에 비해 2016년 83.4$m[673억 원]으로 수익이 증대하였다.

질문〉 Pop-in 매장과 Wink+ 앱의 실제적인 효과는 어떤가?

대답〉 단기간 아이템을 바꿔서 운영하는 번개 매장을 통하여 이용객의 관심을 끌어 주변 상가의 매출에도 도움을 주고 있다. Wink+ 앱을 통해 아이콘을 스캔하는 이용객에게 포인트를 주어 상가에서 이용할 수 있게 하고 주변 상가의 활성화에 기여하고 있다.

광고

질문〉 SMRT는 여러 기업과 제휴 관계를 맺고 있다. 이것이 실질적으로 도움이 되는가?

대답〉 디즈니와 씨티은행과의 협력 관계를 통해 수입 창출 뿐 아니라 시민들에게 좋은 인식을 주고 있다.

질문〉 광고사업은 직영인가, 아니면 위탁을 주는가? 광고

사업들 중 가장 수익이 좋은 것과 가장 수익이 좋지 않은 것은 무엇인가?

대답〉 직영을 통해 최고의 수익을 창출한다.

질문〉 광고의 내용 및 업종 규정, 광고의 설치 금지지역과 같은 운영 매뉴얼이 있는가?

대답〉 술, 담배, 음란물의 광고를 규제한다. 제한된 기존의 광고 영역에서 벗어나 이용객의 안전을 해치지 않는 범위 내에서 광고 지역을 확대한다.

질문〉 지하철 광고사업의 전망을 어떻게 보는가? 스마트폰 보급이 광고사업에 미치는 기회와 손실은 무엇인가?

대답〉 스마트폰을 통한 새로운 광고시장의 성장에 주목하고 적극적으로 대응하려고 한다.

질문〉 SMRT는 첨단 미디어에 관심이 많은 것으로 알고 있는데, 이에 대한 계획을 알려 달라. 이를 통해 수익의 창출이 과연 가능할까?

대답〉 새로운 매체의 사용은 당장의 수익성보다는 SMRT의 이미지 향상과 미래 시장에 대비하기 위해 항상 고려한다.

질문〉 한국은 스마트폰의 보급과 경기 위축으로 지하철 광고시장의 상황이 계속 나빠지고 있다. 이를 타개할 수 있는 조언을 준다면?

대답〉 스마트폰을 이용한 Wink+ 앱과 포인트 제도와 같은 새로운 시장을 개척해 나가고 있다.

자동판매기

질문〉 자동판매기들의 종류와 운영방식에 관해서 설명해 달라.

대답〉 전체적으로 500곳의 현금자동인출기들을 운영하고 있는데 다른 종류의 자동판매기는 없다. 원천적으로 지하철 내에서 식음료는 금지되어있고 다양한 인종과 종교인들이 있는 싱가포르에서는 테러의 위협 때문에 정부가 자판기의 설치를 규제한다.

공공인가, 민간인가

홍콩 MTR과 싱가포르 SMRT는 전혀 다른 세계이었다. 홍콩은 공기업이었고 싱가포르는 사기업이었다. 홍콩은 회의 때 분야별 담당자가 시간대별로 나와서 혼자 면담을 했는데, 싱가포르는 큰 회의실에 가득 찰 정도로 모든 분야의 사람들이 한꺼번에 참석하여 놀랐다. 분위기 파악이 안되었을 때는 싱가포르는 질보다는 양으로 회의를 진행하는 것인가 오해도 들었지만 각 사업 분야가 떼려야 뗄 수 없는 긴밀함으로 연결된 것을 이해하고는 오히려 깊은 인상을 받았다. 홍콩은 담당자들이 지긋한 연배이었고 싱가포르는 젊음이 통통 튀는 청년들이 주를 이루었다. 그래서 그런지 홍콩에서는 안정감을, 싱가포르에서는 에너지를 느꼈다. 동시에 홍콩은 관료적 경직감을, 싱가포르는 다소 가볍기는 했지만 도전과 창의성의 기운을 경험하였다.

그리고 생각해 보았다. 이러한 다름이 국가의 차이일까, 공공과 민간이라는 주체의 차이일까, 아니면 단지 두 회사의 경영방침의 차이일까를. 나아가 현재 우리나라의 지하철 운영조직은 어느 쪽에 가까운지, 그리고 앞으로 어느 방향으로 나아가는 것이 바람직할지도 생각해 보았다. 우리의 지하철 운영조직은 홍콩과 너무 닮았다. 하지만 운영의 방향은 단연코 싱가포르를 많이 참조했으면 좋겠다.

종종 사고의 프레임 씌우기는 개인과 사회적 관계에서 합리적이고 이성적인 판단을 마비시킨다. 개인과 사회는 탐욕을 위해 상대방에게 프레임을 종종 씌워버린다. 우리에게는 '지하철은 시민의 발이니 무조건 공공이 운영해야 하고 반대로 민영화는 자본에게 송두리째 내주는 것이니 곧 악'이라는 프레임이 있다. 물론, 이런 사고가 시대와 역사 속에서 옳았던 때가 있었다. 그러나 분명한 것은 '고인 물' 사고를 고집하는 한 생명의 박동은 사그라진다는 것이다. 기존의 프레임을 걷어내고 대명천지로 나가는 발상의 전환이 우리에게 진작 필요하지 않았을까.

싱가포르 지하 보행 링크

싱가포르는 시민들이 도심에서 원활하고 편안하게 이동할 수 있도록 보행자 친화적인 계획을 진행해 왔다. 핵심은 도심에서 개발들을 연결하고 인근 지하철역들과 접속시켜 포괄적인 지하 및 지상의 보행자 네트워크를 만드는 것이다. 계획된 지하 보행자 네트워크의 구현을 전략적으로 구현하기 위해 정부는 2004년 3월부터 '공사비 보상 인센티브'를 시행하고 있다. 2022년 현재, 싱가포르 지하 보행 링크의 상황을 살펴보도록 하자.

정의

지하 보행 링크는 건물의 지하층을 공공의 교통 결절점에 직접 연결하는 지하의 보행 연결이다. 지하 보행 링크는 건물 지하층 사이의 연결, 인접 개발의 공공 구역에서 바로 접근, 최소한 지하철역 운영 시간 동안 개방 등의 역할을 담당하고 있다.

위치

지하 보행 링크가 공사비 보상을 받으려면 해당 사업이 도심 내 계획된 지하 보행자 네트워크에 반영되어 있어야 한다. 이에 해당되는 것은 오차드 로드, 중심 상업 지구, 시민(Civic) 지구 및 부기스 브라스 바사Bras Basah.Bugis 등의 지역에 위치한 지하 보행 링크이다.

용도

지하 보행 링크는 지하철역의 운영 시간 동안 대중에게 공개되는 보행자 통로 역할을 한다. 지하 보행 링크에 설치되는 용도를 활동 유발 용도라고 하는데 소매, 식음료, 엔터테인먼트, 스포츠, 레크리에이션 등이 그에 해당한다.

크기

보행로 폭은 활동 유발 용도가 보행로의 한쪽에 있는 경우 최소 6미터가 되어야 하고 보행로 양쪽에 모두 위치하는 경우는 최소 7미터가 되어야 한다. 이때 보행로의 폭은 안목치수를 기준으로 한다. 보행로의 천장 높이는 4미터 이상으로 해야 하고 활동 유발 용도는 보행자 통로에 면하여 최대 14미터 깊이까지 허용한다.

공사비 보상 인센티브

지하 보행 링크 개발자는 보행로 요소 건설 비용에 대한 보조금을 신청할 수 있다. 국유지에 설치한 보행로 요소 건설 비용은 제곱미터당 최대 S$28,700 2022년 현재 3.3제곱미터당 약 9천만원 를 보상받을 수 있다. 또한 사유지에 설치한 보행로 요소 건설 비용은 50:50 공동 소유를 기준으로 제곱미터당 최대

S$14,400를 보상받는다.

기존 지하 보행 네트워크 계획에 없는 연결을 개발자가 제안해도 공사비 보상을 받을 수 있다. 이러한 제안의 적격성은 기존 지하 보행 네트워크와의 연결도와 그곳에서의 이용자 경험을 정부에서 평가하여 결정한다. 예를 들어, 떨어진 지하철역과 연결이 이루어져서 전체 네트워크가 발전하는 경우 공사비 보상이 가능한 것이다.

보행로 요소의 공사비는 [$A+($B+$C)×공공 보행자 통로 면적÷지하 보행자 링크 면적]의 식으로 산정하는데, 여기서 $A는 보행로 관련 고정 비용 요소(에스컬레이터, 엘리베이터, 계단), $B는 보행로 및 임대공간의 가변 비용 요소, $C는 컨설팅 및 기타 비용이다.

연면적

국유지 및 사유지에 설치된 지하 보행 링크의 보행로 요소가 전체 지하 보행 네트워크를 구성할 경우 연면적에서 제외한다. 이 경우 지하 보행 링크는 지하층에서 지상 도로 레벨까지 가장 단거리로 연결해야 한다. 또한 기존 개발에 추가되어 설치될 때는 주 수직 동선과 직접 연결되어야 한다. 주 수직 동선은 무장애 접근은 물론 두 대의 엘리베이터와 한 쌍의 양방향 에스컬레이터, 계단 등이 있어야 하고 지붕이 덮인 1층 보도로 바로 통해야 한다.

유효 기간

공적 자금을 효율적으로 사용하기 위해서는 승인일로부터 1년 이내에 공사를 시작해야 하며, 그렇지 않을 경우 원칙적으로 자금지원은 소멸된다.

| 도시의 여백 |

"물에 비치듯 내 얼굴은 남의 얼굴에 비치고
내 마음도 남의 마음에 비칩니다."

도시 지하공간은 교통 및 유틸리티 기능을 지하에 배치하여 지상을 효율적으로 사용하고, 이동과 연결을 원활하게 하며, 차량과 보행자를 분리하는 방식으로 활용되어왔다. 앞으로 지하공간은 만나고 모이는 장소, 상품을 구매하는 장소, 문화적 활동을 구성하는 핵심 공간 등으로 계속 확장되어 나갈 것이다.

서울 광화문광장

2022년 8월 6일 많은 논란이 있었던 광화문광장이 다시 돌아왔다.

옛날 분은 알겠지만물론 나도 안다, 중앙청국립중앙박물관이 떡하니 경복궁을 가로막으며 서 있었고 그 앞으로는 위풍도 당당하게 국내에서 제일 넓은 16차선의 세종로가 은행나무 중앙분리대를 품고 뻗어있었다. 평소에는 을씨년스럽다가 주요 국가 행사일에는 퍼레이드가 벌어졌던 그 도로는 권위주의 시대의 풍경으로 기억에 남아있다. 1996년 중앙청이 역사 바로 세우기의 명분으로 사라지니 형용할 수 없는 광화문과 인왕산의 맵시가 홀연히 나타났다. 그러나 세종로의 삭막한 바이브는 여전했는데, 2009년 8월 1일 그 도로 중앙에 광장이 들어섰다. 당시는 폭 34미터, 길이 557미터, 넓이 19,084제곱미터의 크기로 찻길에 둘러싸인 섬과 같은 광장이었다.

논란은 그때부터 있었다. 광장은 자연스럽고 쉽게 다가갈 수 있어야 하는데 섬이면 어떻게 그러냐는 것이다. 또한 광장은 방과 같아야 하고 폐쇄적인 공간을 형성해야 하는데 이렇게 사방팔방에서 훤히 보이면 어떡하냐는 것이다. 결국 국제공모를 시행하여 2019년 1월 씨에이조경기술사사무소의 설계안을 뽑았고 2020년 11월 공사에 들어갔다. 세종문화회관과 붙어버린 새 광장은 폭이 60미터로 넓어졌고 면적도 40,300제곱미터로 두 배 이상 늘어났다. 규모만이 아니라 녹지, 수공간, 미디어, 어메니티 등 광장이 담고 있는 내용물도 크게 변모하였다. 이 공사로 세종대로옛 세종로는 최종 6차선이 되었다.

이쯤에서, 글쎄 무슨 얘긴지는 알겠는데 광화문광장이 도대체 지하와 무슨 관련이 있느냐고 물을지 모르겠다. 그래서 지금부터는 광화문광장의 지하를 이야기하려고 한다. 지하공간 개발과 관련하여 가장 유명한 경구는 '사물은 지하에, 사람은 지상으로'인데, 광화문광장은 지상과 지하의 이러한 관계를 글자 그대로 선명하게 보여준다. 우선 지하철 5호선 광화문역에 내리면 9번 출구를 거쳐 광장으로 들어간다. 이곳은 지하에서 통하는 광장의 주 출입로이다. 세종문화회관은 든든한 뒷배경이 되어 광장을 감싸는 역할을 하는데 광장과 지하로도 연결된다. 광장을 상징하는 세종대왕 동상은 깊고 넓은 지하공간을 품고 있다. 동상 밑을 통해 지하 2층으로 내려가면 세종의 업적을 기리는 전시관과 이순신 장군의 기념관을 만날 수 있다. 마지막으로, 새 광장 공사 중에 조선시대 사헌부 문터가 발견되어 소위 '깊은 시간'의 지하가 광장 안으로 들어오게 되었다. 이렇듯 광장의 지하가 접근과 연결, 의미의 공유, 역사의 내재화 등 큰 역할들을 감당하고 있으니 지상의 광장은 꽃길만 걸으면 되지 않을까.

서울 서울도시건축전시관

일본은 조선을 영구히 지배할 것으로 확신하였기에 한양을 경성부로 개명하고 자기식대로 개조하였다. 대표적으로 조선총독부와 경성부청을 일日자와 본本자의 형태로 만들었고 궁궐을 훼손하였다. 또한 지금의 서울시의회 건물은 일제가 경성부립 극장으로 사용한 부민관이다. 1937년에는 덕안궁이 없어지고 부민관 바로 옆에 5층 높이의 조선총독부 체신국 청사가 들어섰다. 이 건물로 인해 1926년 준공된 로마네스크 양식의 성공회성당은 큰길에서 잘 보이지 않게 되었고 그 앞을 지나는 사람들의 입장에서도 눈엣가시이었다. 서울도시건축전시관은 서울의 그 오랜 가시를 뺀 것이었고, 이로써 성당의 미려한 풍경도 당연히 되살아났다.

1994년 토론토를 처음 방문했을 때이다. 토론토가 자랑하는 시청 건물을 방문했는데 시 전체를 보여주는 대형 모형을 보고 깊은 인상을 받았다. 그리고 우리도 이런 전시관이 있으면 좋겠다고 생각했다. 2019년 3월 28일 지상 1층, 지하 3층의 서울도시건축전시관연면적 2,998제곱미터의 개관으로 우리도 이제 세계적으로 남부럽지 않은 전시관이 생겼다. 서울시는 2015년 국제공모를 진행하여 전시관의 설계안을 선정하였는데 당선작은 터미널7아키텍츠의 '서울연대기'이었다. 작품의 핵심 개념은 지상을 비워 마당을 만들고 땅 밑을 비워 공간을 만드는 것이었다. 그런데 옥상 마당은 덕수궁과 성공회성당은 잘 살리고 있지만 극장 무대라는 느낌을 받는 것인지 설계 의도처럼 사람들의 이용이 활발하지는 않은 것 같다. 거기에는 예술품 구성과 같은 바닥 디자인도 한몫하고 있다.

지하의 공간은 건물의 기능과 의미를 적절히 드러내고 있다. 크지 않은 대지의 지하 3층에서 만나는 절정 공간은 인상적이다. 건축가는 이곳에서 지상에서는 할 수 없었던 건물의 입면을 구축하고 있다. 이는 르 코르뷔지에가 라 로쉬 잔네르 주택1923에서 최초로 사용했던 건물 내 파사드 수법이다. 지하 3층 대공간에 서면 전체 입면이 보이고, 캐노피 형태와 가로로 깊게 들어간 공간들, 그리고 대형 계단 등이 시선 축 위에 겹쳐지고 펼쳐지면서 예의 그 건축적 산책로가 구현되고 있다. 공간은 높은 측면창에서 들어오는 햇빛이 더해져서 더욱 풍성한 현상적 투명성을 띤다.

서울도시건축전시관 1층 카페는 사람들이 오가는 거리에 면하여 있고, 지하 1층은 원래 갤러리로 계획되었으나 부족한 사무실로 사용되고 있다. 지하 2층은 갤러리1과 2, 도서관이 위치하고 지하철역으로 통하는 출입구도 있다. 갤러리2에는 토론토의 것보다 훨씬 뛰어난 서울시 전체 모형이 있다. 지하 3층에는 갤러리3과 앞서 얘기한 절정 공간이 있다. 절정 공간의 이름은 비움홀이다. 건축가는 이 대공간과 갤러리1, 2, 3을 시각적인 상호 관입으로 하나로 묶고 있고, 바로 이 빈 곳에서 지금까지 내려온 건물의 입면을 감상하라고 권유한다. 그런데 이 비움홀은 언제나 거대한 것들로 가득 채워져 있다. 도무지 비울 줄 모르는 인생처럼.

서울 서소문성지 역사박물관

이름도 비슷한 서대문과 서소문은 모두 힘든 역사를 배고 있다. 서대문은 일제 강점기의 형무소 자리였고 서소문은 서양 귀신으로 혐오했던 천주교인들의 참형지였다. 두 곳은 이제 다 공원이 되어 그 아픔과 언제든 마주할 수 있게 한다.

지상 1층, 지하 4층의 서소문성지 역사박물관연면적 24,526.47제곱미터은 수산 및 청과도매시장을 없애고 1976년 10월 조성된 서소문역사공원 안에 위치하고 있다. 국제공모를 통해 뽑은 계획안설계: 윤승현·이규상·우준승으로 2019년 6월 1일 개관한 박물관을 3년이 지나서야 방문하였다.

대지의 북쪽인 경찰청 앞 네거리에서 박물관으로 가려면 서울 시내에 이러한 곳이 있었나 생각이 들 정도로 특이한 경험을 한다. 바로 차단기가 오르내리는 철도건널목을 건너는 것이다. 반대 방향인 대지 남쪽의 염천교에서 만나는 박물관은 그냥 높은 벽돌 벽이다. 무심한 듯한 이 붉은 벽은 그러나 그 안에 가공할만한 공간을 담고 있다.

박물관의 핵심은 빈 지하다. 하늘에서 보면 벽돌로 만들어진 두 개의 상자가 공원에 음각되어 있다. 북쪽 상자는 박물관을 들고나는 지하 1층 깊이의 광장이고 남쪽의 보다 큰 상자는 지하 3층에 상징 완성체의 정점인 하늘광장가로, 세로 33미터, 높이 18미터을 품고 있다. 건축가들은 이 두 상자를 잇는 동선을 순례길로 정의하고 그 여정을 건축으로 구축하였다.

여섯 면 중 다섯 면이 벽돌인 하늘광장은 하늘과 만나는 나를 일깨운다. 이 광장과 나란히 있으며 극적인 대비를 이루는 콘솔레이션위로 홀은 고개를 숙이고 들어가서 만나는 짙은 어둠의 공간으로 역사의 상처를 기억하는 장소로 의도되었다지만, 오히려 나를 돌아보게 하고 나아가 치유한다.

뉴욕 오큘러스(Oculus)

흰색의 강철 뼈대 속에 타원형 모양의 지하 광장을 가지고 있는 로어 맨해튼의 세계무역센터 PATHPort Authority Trans-Hudson

역 또는 오큘러스는 가장 장대하고 아름답게 조성된 공공 지하공간이다. 산티아고 칼라트라바가 설계한 이 건물은 언론과 비평가들로부터 '미학적 대담함의 상징, 도시라는 극장에서 상영되는 환상적 작품, 우아함과 아름다움에서 그랜드 센트랄 터미널과 라이벌, 건축주인 항만공사가 뉴욕시에 준 선물' 등의 칭송을 받는다.

오큘러스는 비둘기 모양의 구조물 아래에 여러 노선의 지하철역들과 쇼핑몰을 복도와 광장으로 연결한다. 지하의 보행로는 길 건너 겨울정원Winter Garden과 4 WTC 타워의 대형 매장까지 다다른다. 역은 하루 최대 25만명의 탑승객을 처리하도록 계획되었는데, 계획 대비 20퍼센트만 탑승하고 있는 상황에서 벌써 만원이란다. 천창에서 들어오는 햇빛과 통근자와 관광객의 끊임없는 흐름으로 가득한 그랜드 홀 주변에는 지하 두 개 층 깊이로 고급 상점가가 둘러싸고 있다. 공공장소와 보행로 구성을 통한 동선 및 길 찾기 전략은 잘 조직되었고 훌륭하게 구현되고 있다.

선전 패션 타임(Fashion Time)

1990년대 초중반, 문헌에 나오는 중국의 지하 사례들은 주로 군사적인 것들이었다. 그리고 베이징과 상하이를 방문해 보아도 변변한 도시 지하공간을 만날 수도 없었다. 이렇게 중국은 오랫동안 관심밖에 있었다. 2009년 국제회의ACUUS를 통해 선전深圳의 지하공간을 만나게 된다. 조직위원회에서는 참가자들을 전용 지하철에 태우고 마무리 공사를 하고 있는 지하공간들을 구경시켜주었는데 그중의 하나가 패션 타임이었다.

패션 타임에서 이제까지 하지 못했던 경험을 하게 된다. 도시 지하공간에 '캐나다형'과 '일본형'에 이어 중국의 '선전형'이 새롭게 나타난 것이다. 기본적으로 캐나다형은 사유지의 지하를 이용하고 일본형은 국유지의 지하를 이용하여 도시공간을 활성화하는 것이다. 한편, 패션 타임에서 성취되는 선전형은 지상보행로와 지하보행로를 같은 보도 안에 수직으로 설치하여 시민의 보행권을 입체적으로 확장시키고 있다. 선전형은 여러 측면에서 획기적인 발상의 전환인데, 그것이 실현되기 위해서는 상당한 넓이의 보도 폭을 가져야만 한다. 2011년 다시 방문했을 때는 개장을 하여 많은 사람으로 활력이 넘쳤는데, 마치 지상의 도로처럼 자전거 배달도 이루어지고 있는 모습이 이채로웠다.

스톡홀름 세르겔 광장(Sergels torg)

스톡홀름의 가장 중심지에 위치한 세르겔 광장은 18세기 조각가Johan Tobias Sergel, 1740~1814의 이름을 딴 것으로 헬덴David Helldén, 1905~1990의 작품이다. 동서축의 장방형 모양의 광장은 세 영역으로 구성된다. 첫 번째는 삼각형 색상의 바닥 패턴으로 꾸미고 지상으로 통하는 넓은 계단을 설치한 지하광장이다. 통상적으로 이 부분을 세르겔 광장으로 부르는데, 이 광장은 가운데 조각오벨리스크이 있는 원형 교차로와 주변 간선도로로 연결되는 콘크리트 보행 데크가 함께 어우러져 역동적인 분위기를 자아내고 있다. 두 번째는 광장의 계단과 연결되는 북쪽에 위치한 지상의 작은 열린 공간으로 여기서는 북쪽으로 펼쳐지는 도시 경관과 아래의 광장을 동시에 감상할 수 있다. 세 번째는 광장의 남쪽부로 이곳은 문화 센터Kulturhuset가 인접하고 있는 상업의 중심지이다. 문화 센터 아래쪽으로 스웨덴 국립은행이 등을 대고 있는데 은행 전면에는 세르겔 광장이 생기기 전에 가장 뜨거운 장소이었던 삼각형 모양의 광장Brunkebergstorg이 자리하고 있다. 따라서 핵심 도심 백미터 이내의 거리에 지하광장과 지상 광장이 짝하고 있는 모양새를 이루고 있다.

지하철역T-Centralen을 나오면 독특한 인상을 주는 기하학 문양 바닥의 세르겔 광장으로 바로 들어간다. 여기서 마주하는 전경은 도시와 하늘로 한껏 열린 공간이다. 맞은편의 관람석 형식으로 설치된 계단에 앉아 방금 지나온 곳을 바라보면 땅 아래 상가들로 둘러싸인 광장과 한 층 위 오벨리스크의 우뚝 서 있는 모습이 아늑하면서도 재미있는 분위기를 느끼게 한다. 여기서라면 하염없이 앉아있겠다는 생각이 든다. 세르겔 광장 주변으로 연결되는 지하의 상가들과 보행로는 거의 1킬로미터 길이이다.

세르겔 광장은 주 간선도로들을 통해 도심의 나머지 부분과 강하게 연결되는 소통의 장소이다. 직접 연결되는 지하철역과 인근 중앙역으로의 쉬운 접근은 지역 및 도시 차원에서 특별한 근접성과 접근성을 제공한다. 또한 주변에 주거지와 사무소 건물이 없으므로 인해 광장은 초공공super public의 특징을 갖는다. 즉, 모든 사람이 광장 사용에 거리낌이 없고 다른 사람과 동일한 권리를 주장할 수 있는 것이다. 따라서 광장에서는 쇼핑객, 은행 직원, 문화종사자, 관광객, 정치 활동가, 사회적 약자, 일반 시민 등 다양한 형태의 사회생활이 매일 일어나고 있다. 단지, 이슥한 시간에 마약에 포획된 사람들이 불쾌하고 위협적인 모습을 만들고 있는 것은 아픈 광경이다.

하노버 니키 드 생팔 프롬나드 (Niki-de-Saint-Phalle-Promenade)

니키 드 생팔Niki de Saint Phalle은 프랑스 모더니스트 예술가이다. 그녀는 하노버와 인연이 깊었는데, 첫 개인전을 열었고 하노버 또한 그녀의 작품들을 구입하여 시의 랜드마크로 만들었다. 말년에 그녀는 시로부터 동굴 설계를 의뢰받았고 명예시민이 되었으며 사백 점 이상의 작품들을 시 박물관에 기증하였다. 2002년 그녀가 작고하자 하노버는 추모의 정으로 시내 기존 상점가의 명칭을 '니키 드 생팔 프롬나드'로 변경하였다.

유럽의 많은 도시가 그렇듯, 하노버의 도심도 보행자 천국이다. 그런데 유럽의 다른 도시에서는 볼 수 없는 하노버만의 독특한 공간이 있는데 바로 핵심 도심부에 뻗어있는 지하이다. 하노버 중앙역을 지하로 관통하여 크뢉케Kröpcke역까지 이어지는 거리에 조성된 프롬나드는 최고의 위치에 최선의 지하공간을 조성하는 선택과 집중 전략을 사용하였다. 나는 이곳의 존재를 하노버대학 교환학생 프로그램을 다녀온 제자를 통해 알았다.

니키 드 생팔 프롬나드는,

기차와 지하철, 트램, 버스 등 모든 대중교통이 집중되는 중앙역에서 가장 번화한 상업지역을 가로질러 크뢉케 환승역까지 이어지는 지하이다.

보행자 전용공간으로 조성된 가로에 지하 보행로를 추가 설치한 개념으로 중국 '선전형' 지하공간이 기존의 도시에 적용된 사례이다.

중앙역 지하를 관통하며 주변 지역까지 연결하고 있어 역 이용자는 물론 주변 보행자를 자연스럽게 연결한다.

보행자 전용공간에 위치하여 차량의 방해나 간섭을 받지 않고 출입할 수 있다.

얕은 심도와 함께 빈번하게 설치된 계단과 승강기들로 심리적, 물리적 제약이 없다.

상부가 개방된 선큰 공간으로 시설의 내외부에 대한 시각적인 연결이 가능하다.

지하를 출입하는 출입문을 따로 설치하지 않아 물리적이고 심리적인 경계를 없앴다.

상부가 개방된 선큰 공간에 다양한 상가들을 배치하여 흥미와 호기심을 유발하고 가로변 상업행위가 자연스럽게 일어나고 있다.

상부가 개방되어 있어 완벽하게 기후에서 보호하지는 못하나 중간에 천장들이 있고, 실내공간과 쉽게 연결되어 눈비를 피할 수 있는 여유는 충분하다.

잘 디자인된 환경의 지하를 다니면서도 지상과 시각적인 연결이 이루어지고 자연의 변화도 느낄 수 있어 새로운 도시 공간의 경험을 제공한다.

상부가 개방된 지하로 주변 건물과 지하층연결로가 필요 없는 구조이기 때문에 방재를 위한 여러 제약이 필요 없다.

방화구획이 필요 없다. 다만 실내 부분인 중앙역 지하 보행로에는 스프링클러 설비를 설치하였다.

상부가 개방된 구조이기 때문에 재난시 신속한 진압이 가능하다.

많은 사람의 통행 및 상업 활동과 CCTV도 설치되어 있어 범죄에 대한 예방설계가 자연스럽게 이루어지고 있다.

빗물 재활용 시설을 설치하면 빗물의 처리도 자연스럽게 해결될 수 있다.

항저우 라이프 플라자(Life Plaza)

2009년 선전이 촉발한 중국 도시 지하공간에 대한 관심은 결국 본격적인 중국 답사로 이끌었다. 2011년 제자들과 중국 다섯 개 도시의 지하공간을 조사하러 떠난 것이다. 사전에 공부를 한다고 하였지만, 자료의 접근이 제한적이어서 항저우에 대한 기대를 별로 하지 않았다. 그러나 정작 항저우를 방문하고, 그곳 라이프 플라자에서 도시가 대의를 가질 수 있다는 것을 발견하였다.

도시는 대의가 필요하다. 도시의 대의란 지금 당장은 활성화되지 않더라도 개발이라는 중요한 행위에 임할 때는 미래를 대비하여 여력을 가지고 대응하는 전략적 태도를 말한다. 우리가 자주 만나는 도시행정은 과도하다는 비판에 움츠러들고 합리적이라는 칭찬에 목말라서 조각 조각난 개발을 하고 그 결과에 대해서는 책임을 지지 않는 모습이다. 이른바 소인배의 도시행태다. 그러나 시민의 심장을 뛰게 하는 건축과 각종 재해로부터 안전히 지켜주는 인프라 환경은 대의를 가진 도시만 가질 수 있다.

헤이그 수테한(Souterrain)

전도서 기자의 말대로 모든 것에는 때가 있다. 밤과 낮을 안 가리고 지하를 찾으러 다닌 시절이 있었다. 아마 걷고 또 걸었던 헤이그를 방문했을 때가 그런 시기였을 것이다. 자국 말로 덴 하흐Den Haag라 부르는 이 도시에서 1907년 이준 열사는 망해가는 조국에 대한 애통의 한을 품고 순국하셨다. 나는 이 도시를 두 번 찾았고, 두 번째 방문했을 때 수테한을 만났다.

수테한이라는 말은 고고학자들이 대서양 연안 철기시대의 지하구조물에 붙인 용어라고 한다. 그런데 헤이그는 대중교통의 순환 및 접근성의 개선을 위해 렘 콜하스가 십 년 동안 1994~2004 설계한 길이 1,250미터, 연면적 28,000제곱미터, 용적 140,000세제곱미터의 트램역 두 개 Spui/Grote Markt 와 터널에 그 이름을 붙였다.

수테한의 지하는 3층으로 구성되는데 전체적으로 개방성과 투명성을 강조하고 있다. 도로와 층들 사이에 열린 공간을 조성하여 지상에서 역 내부가 보이고 햇빛도 들어오게 하였다 반대로 어둠이 내리면 지하에서 빛이 나온다. 지하 1, 2층은 주차장이고 가장 낮은 층은 트램을 타고 내리는 곳이다. 지하 보행로는 두 트램역을 이어주고 주변 상업시설들을 연결할 뿐만 아니라 그 안에 영화 포스터를 전시하는 갤러리도 가지고 있어 수테한의 활력을 한껏 높인다.

수테한에서 지하 3층의 트램역 승강장이 가장 인상 깊었다. 일단, 바닥이 고상하고 온화한 분위기의 목재로 마감되고 공간이 위까지 시원하게 뚫려있는 것이 좋았다. 계단의 단 높이 또한 부드러운 이동이 가능하도록 세심하게 계획되었다. 전체적으로, 전차를 타기 위해 내려온 것이 아니라 뭔가 품위 있는 건물 이를테면 아트홀 에 왔다는 느낌마저 들었다.

때는 저녁 시간이었고 나는 그 공간을 분주히 오르내리며 사진 찍기에 여념이 없었다. 이쪽에서 건너편 승강장을 찍으려고 카메라를 들었는데, 하루 일을 마치고 전차를 기다리고 있던 막노동 복장의 중년 남자들이 함박웃음을 지으며 손을 흔든다. 순간, 나도 웃었고 손을 흔들었다. 그 장면이 그 공간에서 참 자연스러워 지금도 잊히지 않는다.

휴스턴 터널 시스템
(Downtown Houston Tunnel System)

지하공간 활용 실태를 조사하기 위해 미국을 처음 방문한 것이 1994년이었다. 그러나 당시에는 교육시설 위주로 사례들을 방문하였고 휴스턴 터널 시스템의 존재는 전혀 모르고 있었다. 그것의 존재는 토론토대학에 가서 알았다. 대학 도서관의 자료들은 북아메리카에서 가장 먼저 도시적인 차원에서 지하공간을 활용한 곳을 휴스턴이라고 알려주었다. 휴스턴은 이미 1947년 최초의 보행 터널을 완공하고, 1950년대 말에는 광범위한 보행 터널 시스템을 갖추었다.

2009년 여름 휴스턴을 방문하였는데, 처음 경험하는 혹독한 더위가 나를 맞았다. 이런 날씨라면 터널 시스템이 꼭 필요할 수밖에 없다고 금방 이해가 되었다. 터널 시스템에 대한 산드라[Sandra Lord] 여사의 상세한 안내와 그녀가 준 자료는 시스템의 이해에 큰 도움이 되었다.

휴스턴에서 대지경계선은 도로 중앙까지 인정되는데, 여

기서 도로 부분은 시에서 30년 동안 점유권을 부여한다. 따라서 반대편 건물 소유주와 합의만 되면 도로 지하를 가로질러 서로 연결할 수 있고 도로와 평행하게 터널을 설치할 수도 있다. 이렇게 만들어진 터널에 대해 시정부는 도로 부분 점유권을 부여하고 시설에 대한 검사를 한다.

휴스턴 터널 시스템은 지하 6미터 깊이에 전체 9.7킬로미터의 길이로 도심의 95개 블록을 연결하고 있다. 터널은 도심 지역에서 일하는 사무소 근무자들의 편리함을 위해 민간이 개발, 소유, 운영하는 것이다. 따라서 출입은 대부분의 경우 개별건물 로비에서만 가능하고 이용 또한 근무 시간월~금, 06:00~18:00 중에만 할 수 있다. 그러나 실제로 현장을 다녀보니 오후 시간부터 폐장을 준비하는 가게들이 부지기수였다.

열림

| 내진 지하 기초 |

"뻔뻔스럽게, 배려해주지 말고 일을 키워요.
좁으면 남들 보고 비키라지요. 공간을 크게 쓰고 누가 뭐라든 해결하는 건
남들한테 맡겨버려요."_정세랑(2021)

잘못된 확신

오랫동안 한반도는 지진에 대한 걱정이 없었다. 그러다가 진도 5.8과 5.4의 지진들이 경주2016년 9월와 포항2017년 11월의 건물들에 큰 피해를 주면서 지진에 대한 공포와 함께 건축에서 법제적인 대책들이 수립되었다. 마크 트웨인은 인간이 궁지에 빠지는 것은 무엇을 몰라서라기보다 잘못된 확신으로 인한 것이 더 크다고 했다. 확신은 주로 어떤 분야의 전문가들이 내어놓는 것이니, 이 말의 속내는 전문가의 말을 늘 의심의 눈초리로 바라보는 것이 필요하다는 것이다. 여기 잘못된 확신의 전형적인 사례로 건물기초를 구성하는 말뚝에 대한 전문가들의 태도가 있다.

문제의 핵심은 이것이다. '지진이 일어날 때, 땅속에 묻혀있는 건물의 지하 부분에 옆에서 미는 힘, 즉 지진으로 인한 수평력이 작용하는가?' 질문에 대한 전문가들의 관행적인 응답은 작용하지 않는다이다. 이는 땅속 구조물이 주변 땅과 동일

하게 움직인다는 확신에서 나온 것이다. 그런데 땅속은 대부분이 흙, 그리고 아주 드물게 암반과 물로 구성되고 건물 하부는 콘크리트와 강철로 자리를 잡는데, 지진이 나면 어찌하여 서로 다른 두 물질이 하나가 되어 움직인다고 확신하는 것일까. 땅이 폭신하고 말랑하게 건물을 꽉 잡고 있어 땅속 건물은 결국 땅처럼 될 것이라는 상상력이 작용한 걸까.

잘못된 확신은 자연스럽게 법을 가볍게 보는 방향으로 인도하니 상황은 점점 궁지에 몰리는 쪽으로 진행된다. '건축물의 구조기준 등에 관한 규칙'은 건물의 구조 안전에 필요한 사항을 규정하고 있는 법이다. 이 규칙은 건축물의 구조내력에 주요한 부분을 구조부재로 정의하고 기초 또한 구조부재에 포함하고 있다. 전문가는 당연히 구조부재가 축방향력, 휨모멘트, 전단력, 비틀림 등의 외부 힘들에 충분히 버티도록 조치를 취해야 한다. 그러나 지진 시 기초, 특히 말뚝 부분에 외부 힘들이 전달될 수밖에 없는데도 이를 가볍게 여긴 결과 구조내력을 확보하지 못한 건물들이 생겨났다. 하느님이 보우하사 우리나라 만세였기에 망정이지, 설계기준 강도인 6.5 진도의 지진이 왔다면 기울어지고 비틀어진 건물들이 여기저기 펼쳐졌으리라.

지진이라는 변수

말뚝에 대한 국내 전문가들의 고집은 말뚝을 건물 전체의 무게를 받쳐서 땅속에 안정되게 자리 잡는 역할로만 보는 것이다. 지진에 대한 걱정이 없거나 무시해도 괜찮을 만큼의 시대에는 이 생각이 크게 문제 되지 않았다. 그러나 지진의 시대에는 다음의 두 경우 때문에 고집을 꺾지 않으면 안된다.

첫째, 건물의 흔들림이 전단력으로 작용

일본건축학회는 지진이 발생하여 건물이 흔들리면 건물의 밑면 전단력이 말뚝에 수평력으로 전달된다고 명확하게 설명한다. 그래서 그 대응 방안으로 건물과 말뚝을 일체화하여 계산, 건물과 말뚝을 분리하여 계산, 말뚝 숫자로 하중을 나누어 하나의 말뚝만 계산, 이론식의 활용 등과 같은 방식들을 제시하고 있다.

둘째, 지반의 움직임이 지진 토압으로 작용

우리나라는 대단위 아파트 단지의 건설이 빈번하게 이루어진다. 넓은 면적으로 기초가 설치될 수밖에 없는 경우, 지진이 오면 지상 건물의 흔들림보다 지반의 움직임으로 발생되는 토압이 더 큰 영향을 미치게 된다. 따라서 지진으로 인한 땅의 압력을 말뚝에 적용해야 한다.

내진 말뚝 개발

교량을 설계하는 토목 분야에서는 강관[상부]+PHC[하부], 철근보강PHC[상부]+PHC[하부], 강관 등 일찍부터 내진 말뚝을 적용해 왔다. 그동안 내진 말뚝의 개념이 없었던 건축 분야에서도 2022년 현재, 다음과 같이 활발한 개발들이 이루어지고 있다.

명칭	리바 내진 말뚝	래티스 내진 말뚝
모양		
특허번호	10-2387194	10-2399298
특징	-소규모~대규모 건물 적용 -현장 시공성 유리 -수직 성능 1500~3000kN -수평 성능 150kN	-소규모~중규모 건물 적용 -소형 장비로 시공 -수직 성능 2,000kN -수평 성능 150kN
명칭	**래티스 거더형 보강 말뚝**	**삼축 내진 말뚝**
모양		
특허번호	10-2288036	10-2399298
특징	-공동주택 적용 -소형 장비로 시공 -수직 성능 600kN -수평 성능 60kN	-소규모 건물 적용 -마이크로파일 대체 -수직 성능 1,000kN -수평 성능 150kN

명칭	기존 보강 다축 내진 말뚝	소구경 강관 보강 PHC 내진 말뚝
모양		
특허번호	10-2294532	10-2394061
특징	-소규모 건물 적용 -마이크로파일 대체 -수직 성능 1,200kN -수평 성능 120kN	-PHC 내진 말뚝 안에 고성능 강관 삽입 보강 -수직 성능 2,500~3,500kN -수평 성능 200kN
명칭	PHC 내진보강 말뚝	면진장치 말뚝
모양		
특허번호	10-2177765	10-2400909
특징	-PHC 내진 말뚝 안에 전단철근을 삽입하여 보강 -수직 성능 1,800kN -수평 성능 150kN	-삼축말뚝과 래티스말뚝의 결합 -건물 진동을 잡기 위해 면진장치 설치

공급자 중심에서 거주자 주도로 이동

초연결, 초지능의 ICT 융합기술을 활용한 플랫폼 영역의 발전은 건축 시장을 공급자 중심에서 거주자 중심으로 급격하게 바꾸어 갈 것이다. 지진이 발생하여 건물의 기초가 손상되면 거주자들이 가장 민감하게 반응하지 않을까. 앞으로 거주자들은 건물에 설치된 말뚝 정보를 궁금해하고 더 나아가 요구할 것이다. 건축법 또한 건축물대장에 내진 능력을 표기하도록 규정하고 있다. 그동안 땅속에 묻혀있어 보이지 않는다고 소홀하게 취급해 온 말뚝을 건물명, 말뚝 및 건물의 내진 성능, 좌표값 등으로 정리하고 관리하여 이러한 거주자들의 요구에 응답해야 할 날이 곧 오리라 확신한다.

| 토론토대학교 |

"매일 똑같은 일을 하면서 질리지 않는 것,
수십 년 한 분야에 몸을 담으면서 흥미를 잃지
않는 것, 같은 주제에 수백수천 번씩 비슷한 듯
다른 각도로 접근하는 것. 대가들일수록
질려하지 않았습니다, 즐거워했다는 게
아닙니다, 질리지 않았다는 것이 정확하죠. 당장
뛰어난 것 같지는 않지만 하고 하고 또 해도
질리지 않는다면, 시도해볼 만합니다."
_정세랑(2021)

토론토와의 만남

나는 한국에서 자라고 교육받은 소위 토종이다. 외국도 1994년32세에 처음 나갔다. 당시 박사과정에 있던 나는 연구 프로젝트 때문에 지도교수와 함께 미국과 캐나다를 가게 되었다. 출장 목적은 미국과 캐나다의 지하공간을 조사하는 것으로, 방문할 도시는 워싱턴, 시카고, 미네아폴리스, 몬트리올, 토론토 등이었다. 그러니까 생애 첫 국외 나들이를 통해 나는 토론토와 만났다.

3년 후인 1997년, 다시 토론토를 찾았다. 그해 가을, 몬트리올에서 지하공간에 관한 국제 심포지엄이 열렸고 그곳에서

논문발표를 하게 되었다. 행사 기간에 현장 탐방 프로그램이 마련되었는데, 그중 하나가 토론토를 방문하는 것이었다. 나는 주저 없이 이 프로그램을 선택하였고 이를 통해 토론토 지하 공간을 다시 볼 수 있는 기회가 주어졌다.

2004년 깊어가는 가을밤, 토론토와의 세 번째 인연을 결심하며 조용히 손을 모은다.

답을 찾아 현장으로

2005년 2월 5일 밴쿠버로 가는 에어캐나다 비행기에 아내와 함께 탑승하고 있다. 밴쿠버를 거쳐 토론토로 사전답사 겸 지인들을 방문하기 위해서다. 어차피 지인들을 만나기 위해 와야 할 것이라고 마음을 편히 먹으려고 했지만, 토론토대학 건축·조경·디자인학부이하 AL&D 베어드George Baird 학장을 만나고 가겠다는 계획 때문에 부담이 아니 될 수가 없다.

베어드 교수는 〈1968년 이후 건축이론Michael Hays 편저〉에 당당히 한 꼭지의 논문'건축에서 애정의 차원'이 실릴 정도이니 서구 건축계에서 적잖은 비중이 있는 인물일 것이다. 더구나 그는 지금 전권을 쥐고 있는 학장 아닌가. 처음 그에게 접촉을 시도한 것은 2004년 11월 19일 소인으로 보낸 우편을 통해서이다. 그 편지에는 나에 대한 간략한 소개와 연구 분야, 초청에 대한 정중한 요청 및 가서 하고 싶은 연구내용 등을 적었고, 이력서 또한 첨부하였다. 그러나 해가 넘어가도록 감감무소식이었다.

그때 나는 아내에게 설 연휴를 맞이하여 토론토를 한 번 방문하자는 제안을 한다. 아내가 흔쾌히 동의를 하여 항공편을 예약하는 한편 베어드 교수에게 2005년 1월 12일 토론토에서 만나자는 이메일도 보낸다. 날짜는 점점 다가오는데 이메일에 대한 답장 또한 없어서 어느 날엔가는 우리 시간 밤 12시쯤 전화를 했다. 여자 목소리였고 비서란다. '나는 한국 창원대학교의 이강주 교수인데 조지 베어드 학장과 통화하고 싶다.' '그는 지금 회의에 가고 없다.' 전화로도 연결이 안 된다. 결국 아무런 확답도 받지 못한 채 토론토를 찾게 되었다.

승기를 잡다

2005년 2월 6일 밤, 토론토 피어슨 국제공항에는 비가 내린다. 겨울비다. 밖으로 나가보니 날씨가 포근하다. 아니 여기가 춥기로 유명한 겨울의 토론토 맞나? 잔뜩 각오했던 마음이 잠시 풀어진다. 조금 후에 기다리던 차가 오고 비오는 밤거리를 지나 숙소에 도착한다.

2월 7일 월요일, 새날이 밝았다. 오늘은 학장을 만나러 학교로 찾아가 볼 작정이다. 그전에 전화로라도 약속을 해야지. 전화를 거니 예의 그 비서가 또 받는다. '나는 한국에서 온 이강주 교수인데 학장과 통화를 하고 싶다.' '학장은 지금 회의 중이고 오후 2시쯤에나 돌아온다.' 오늘 아침까지도 통화가 안 된다. 그렇다고 가만히 있을 수 없는 노릇이니 찾아가 보기로 한다. 오전 10시경 College Street 230에 다다랐다. 드디어 AL&D 건물 앞에 도착한 것이다.

무작정 찾아왔는데, 과연 만날 수 있을까. 아내와 나는 나무로 된 육중한 현관문을 밀고 건물 안으로 들어갔다. 홀로 들어서니 오른쪽에 전시장이 있는데 그 앞쪽으로 긴 의자가 놓여있다. 아내는 그곳에 자리를 잡더니 이내 성경책을 꺼낸다. 나는 아내에게 인사를 하고 안내 데스크가 있는 안쪽을 향해 유리문을 민다.

데스크에 앉아있는 여자가 어떤 일로 왔냐고 묻는다. '나는 한국에서 온 창원대학교의 이강주 교수인데 조지 베어드 학장을 만나고 싶다.' 안내양이 잠시 기다리란다. 곧이어 비서가 나타났는데 다짜고짜 강압 말투다. '사전에 약속을 했나, 약속이 없으면 만날 수 없다.' 그렇다고 물러설 수는 없는 일이다. '학장을 만나기 위해 일부러 한국에서 왔다. 그리고 학장과 연락이 안 되는데 어떻게 약속을 잡느냐? 편지도 보내고, 이메일도 보냈다. 전화를 하면 매번 회의 중이라고 하더라. 어떻게 사전에 약속을 할 수 있느냐 말이다.' 잠시 침묵. '그러면 연락처를 여기에 남기고 가라. 내가 학장에게 얘기해 보겠다.' 머물고 있는 집의 전화번호를 천천히 적어주고 나온다. 이렇게 해서 1라운드는 무승부인가. 아내는 여전히 성경을 읽다가 나를 맞이한다.

집으로 돌아오니 피곤한 것은 아닌데 아무것도 하기 싫어진다. 이럴 땐 잠이 최고다. 과연 전화가 올까, 전화가 와야 될 텐데, 전화가 올 것으로 믿습니다 하며 잠 속으로 빠져든다. 얼마나 잤을까. 아내가 급한 손길로 나를 흔들며 전화기를 내민다. '헬로? 예스 ... 예스 ... 아이 씨, 땡큐' 아내가 묻는다. '뭐래요?' '내일 오후 2시에 약속이 잡혔다고 학교로 오래.' '오, 잘 됐네요.' 뭐라 형용할 수 없는 기분 좋음이 얼굴로 올라온다. 2라운드에서 승기를 잡은 느낌이다. 시계를 보니 저녁 5시다. 내일 무슨 얘기를 나누게 될까. 예상되는 대화를 생각하며 영작에 몰두한다.

신비한 체험

드디어 날이 밝았다. 아내와 함께 토론토 지하공간을 둘러보고 가기 위해 조금 일찍이 나선다. 지하철 영Yonge역에 내려 지하 세계로 들어간다. 이곳이 내 전공 분야요, 이곳 때문에 지금 내가 여기 있다고 생각하니 감회가 새롭다. 이곳에서 점심도 먹고 커피도 마신다.

넉넉한 여유시간을 가지고 AL&D에 도착하여 화장실에 가고 1층에 있는 전시실도 둘러보며 마음을 가다듬는다. 아내는 어제 그 자리에 앉아 다시 성경책을 편다. 1시 50분, 안내데스크를 지나 학장실 쪽으로 들어가니 어제의 그 비서, 아나스타샤가 반갑게 나를 맞는다. 얼굴과 목소리에 친절이 넘쳐서 약간은 어리둥절하다. '헬로 아나스타샤' 인사를 하니 학장이 회의에 가서 조금 늦는단다. 2층에 있는 도서관을 좀 둘러보고 오면 어떻겠냐고 해서 도서관에서 건축잡지를 본다.

2시 20분경 드디어 학장이 와서 악수를 하며 반갑게 인사를 한다. 그런데 이 몇 초밖에 안 되는 짧은 순간에 나는 신비한 영적 체험을 한다. 마음의 불안과 초조함이 싹 사라지고 학장이 하나도 무섭지? 않은 것이다. 학장은 전화 통화를 먼저 해야 하니 잠시만 더 기다려달란다. 수업에 관한 이야기인지 한참 동안 통화를 한다. 드디어 학장이 들어와도 된단다.

2005년 2월 8일 오후 3시 10분

학장은 나에 대한 정보가 없으므로[즉, 초면이므로] 먼저 자신을 소개해달란다. '나는 한국 창원대학교 건축학부의 이강주 교수다. 토론토대학의 방문 교수로 오고 싶어 작년 11월 당신에게 편지를 보냈었다.' 여기까지 얘기하자 잠시 기다리라며 자기 책상으로 간다. 그 위에는 우편물 뭉치가 수북하게 쌓여있다. 그 뭉치 거의 맨 밑 부분에서 봉투 하나를 쑥 꺼내온다. 바로 내가 보낸 것이다. 예상이 현실로 확인되는 순간이다. 자기도 약간은 계면쩍은지 변명을 한다. '내가 작년 9월에 학장에 취임해서 지난 6개월 동안 정신이 하나도 없었다.' 그러면서 계속하란다. 이제부터는 어제 영작한 것을 외울 차례이다.

> 내가 AL&D에 방문 교수로 오고 싶은 이유는 세 가지다. 첫째, 토론토는 지하공간 개발의 핵심 도시로 내게 매우 중요하다. 알다시피 토론토는 전 세계에서 가장 인상적인 지하공간 네트워크를 가지고 있는데, 이에 대해 자세히 조사하고 연구하고 싶다. 한국은 인구밀도가 높고 도시화가 심한 나라인데, 따라서 정교하고 체계적인 도시의 3차원 개발이 긴요한 실정이다. 둘째, AL&D의 발전된 학문적 분위기를 경험하고 싶다. 그것은 내게 매우 유익한 일이 될 것으로 확신한다. 마지막으로, 나는 스스로 연구비를 마련해서 올 것이기 때문에 AL&D에는 경제적 부담을 주지 않을 것이다. 연구실 또한 다른 사람과 함께 쓰면서 활발한 사회적 접촉을 하고 싶다. 한국은 매우 발전하고 있는 나라이고 창원대 건축학부 또한 국가 프로젝트를 수행하고 있어서 당신과 AL&D에 도움이 될 것이라고 확신한다.

여기까지 자신 있게 또박또박 얘기하고 학장을 보았더니 얼굴에 미소를 머금으며 다시 질문을 한다. '설계 실무 경력이 있느냐, 대학으로 간 지는 얼마나 되었느냐, 대학에서 담당하는 과목은 무엇이냐?' 있는 그대로를 하나씩 답변하니 이제는 자기 얘기를 한다.

> AL&D의 공간 문제는 심각하다. 전임 학장 때부터 이를 위해 노력했으나 아직까지 해결되고 있지 않다. 따라서 내가 상황들을 살펴보고 논의를 좀 해야 할 것 같으니 시간을 좀 달라. AL&D에 중국 학생들은 많은데 한국 학생들은 거

의 없다. 내가 이곳에 오기 전에 하버드에 있었는데, 거기서는 많은 한국 학생들을 지도했었다. 나는 아직까지 한국에 가본 적이 없지만, 그들이 가져오는 사이트를 통해 한국을 좀 안다.

나는 경청하며 중간중간 적절하게 장단을 맞춘다. 얘기를 마친 학장은 일어서며 오늘 만나서 반가웠다고, 곧 연락을 주겠다며 인사를 한다. 나는 홀가분한 마음으로 학장실을 나온다. 아, 하나님의 핵 주먹으로 드디어 3라운드에서 승리감이 밀려오는 순간이다. 때는 현지 시간으로 2005년 2월 8일 오후 3시 10분이더라.

초청장

토론토에서 서울로 돌아오는 길은 캐나다의 매운맛을 여지없이 본 여정이었다. 평상시 열네 시간이면 충분한 것을 스무 시간이나 걸려서 왔으니 말이다. 이때만 해도 에어캐나다는 토론토와 인천 직항노선이 없었으므로 밴쿠버를 거쳐야만 했다. 그런데 토론토부터 문제가 생긴다. 강풍으로 비행기가 뜰 수 없다는 것이다. 결국 두 시간이 지나서야 비행기가 떠서 겨우 밴쿠버로 왔는데, 이번에는 이륙순서를 기다리며 한 시간을 더 보낸다. 이렇듯 오랜 시간을 비행기에서 보내며 오는데, 인천 가까이 와서야 내게 위안을 주는 캐나다인 부자(父子)를 만난다. 그들은 오늘 아침 캐나다 중부 마니토바에서 세 시간

걸려 밴쿠버에 왔고, 지금 이 비행기로 인천까지 가서 싱가포르행 비행기로 갈아타고 다시 시드니까지 가야 한단다. 한마디로 이제 겨우 여정의 반을 온 셈이다.

2월 12일 토요일, 시간은 많이 걸렸지만 무사히 인천에 도착한다. 아내와 둘만의 여행은 신혼여행 이후 처음이었다. 돌아온 바로 다음 주의 어느 날이었을까, 학과사무실에 가보니 내 사물함에 팩스로 온 영문 서류가 놓여있다. 직감적으로 그것이 아닐까라는 생각이 들었는데, 아니나 다를까 초청장이 맞다. 초청장이 이렇게 빨리 올 줄이야... 아, 이것이 초청장이라는 것이구나... 무에서 유가 창조되었다는 생각에 깊은 감격과 함께 감사의 기도가 절로 나온다.

Dear Dr. Lee

2005년 2월 8일 만남을 통해 캐나다 지하공간에 대한 당신의 관심을 알게 되어 기뻤다. 캐나다를 포함하여 세계 여러 나라를 직접 조사한 지하공간에 대한 당신의 박사논문 연구는 인상적이면서 동시에 광범위한 것이었다. 캐나다 지하공간, 특히 토론토와 몬트리올에 초점을 맞춘 당신의 연구는 학제적 범위와 폭(사회, 문화, 경제, 법, 구조, 미)에서 특별한 흥미가 있다. 따라서 나는 토론토대학의 건축조경디자인(AL&D)학부에 당신을 2005년 9월 1일부터 2006년 8월 31일까지 1년 동안 방문 교수로 초청하게 되어 기쁘다. 초청과 관련되어 보수는 없을 것이나 우리 학부 내에

사무실은 제공될 것이다.

향후 진행은 캐나다 이민성 규정에 따라 이루어진다. 당신이 이 초청을 수락한다면 취업허가서와 비자, 그리고 다른 필요한 서류를 얻기 위해 가까운 캐나다 영사관을 방문하라. 취업허가서는 승인면제법 C22, 규정 205에 의해 진행된다. 이 초청장과 함께 토론토대학에서 방문 교수직을 마칠 때까지 창원대학교에서 고용을 보증하는 문서를 제출하는 것이 필요하다. 당신은 가족 전체 의료보험을 구입해야 하는데 보다 자세한 내용은 인사담당자인 Julie (△△△@ecf.utoronto.ca, 416-946-××××)에게 문의하라. 의료 적용 범위에 대한 상세한 정보는 http://www.uhip.mercer.ca에 있다. 위와 같은 진행에 동의한다는 뜻으로 이 편지에 서명을 하여 다시 보내 주면 고맙겠다. 우리 초청에 수락하기를 바란다.

Sincerely,
George Baird, Dean

들어가기

광복 60주년 아침이 밝았다. 그사이 직항이 생겨 토론토행 에어캐나다 66편 37DEFG에 우리 가족 네 명이 나란히 앉는다. 인천에서 토론토까지는 10,636킬로미터의 비행거리. 시속 800~900킬로미터로 열두 시간이면 갈 수 있는 거리이지만, 역풍을 만났는지 열네 시간쯤 걸린다. 이러한 장시간의 비행기 여행은 먹고 자는 사육의 시간인데, 그래도 딸과 아들은 오랜 시간인데도 용케도 잘 참고 있다.

드디어 토론토 피어슨 국제공항에 비행기가 내려앉는다. 현지시간으로 오후 4시가 되어간다. 이제 공항 밖으로 나가서 자유의 몸이 되기까지는 몇 단계의 관문을 통과해야 한다. 첫 번째 관문은 입국심사이다. 캐나다 입국심사관이 여권 및 입국신고카드를 확인하며 몇 가지 질문을 한다. '캐나다에 왜 왔느냐, 직업이 무어냐, 캐나다에서는 어디서 지낼거냐' 등. 이 관문은 캐나다로 들어오는 모든 사람들이 거쳐야 하는 일상적인 통과의례이다.

두 번째는 바로 나 같은 사람이 거쳐야 하는 중요한 관문으로, 취업허가서와 유학허가서를 받는 절차이다. 우선 주한 캐다다 영사관에서 보내온 서류를 꺼내어 다시 확인한다. 서류에는 캐나다에 도착하면 바로 공항 안에 있는 출입국관리소를 방문하라고 되어 있다. 공항 직원에게 물어 출입국관리소를 찾아간다. 사무소는 생각보다 꽤 큰 규모이고 업무를 보려고 대기하는 사람도 제법 많이 있다. 안내자가 다가와 물어보더니 우리는 뒤쪽으로 돌아가란다. 뒤쪽은 앞쪽과는 달리 현저히 한가하다. 그리고 번호표를 주면서 앉아서 기다리란다. 7번 번호표를 받고 주위 사람들을 둘러본다. 유학 온 학생들, 특히 어린 학생도 있고 나처럼 교환교수로 왔는지 가족들도 있다. 드디어 창구의 젊은 남자가 7번을 부른다. 우리는 우르르 그 남자에게로 몰려 들어간다. 헬로, 웃음이 담긴 인사는 늘 기본. 여권과 영사관의 서류들, 그리고 토론토대학에서 받은 초청장을 제출하니 컴퓨터로 열심히 작업을 한다. 그리고는 하나씩 하나씩 프린트를 한다. 바로 나의 취업허가서요, 아이들의 유학허가서이다. 이것들을 각각의 여권에 호치키스로 부착한다. 그리고 나서는 도장을 받아야 하니 아까 들어왔던 앞쪽 창구로 가란다.

그 친구의 주선으로 앞쪽 창구의 길게 늘어선 줄을 무시하고 맨 앞에서 기다리게 되었다. 조금 있으니 덩치 큰 흑인 아저씨가 자기 창구로 오라는 표시를 한다. 또 한 번 우르르 가족이 이동한다. 반갑게 또 헬로! 흑인 아저씨는 서류를 보여 달란다. 나는 저쪽 창구에서 이미 서류를 제출했었다고 말한다. 흑인 아저씨의 인상이 약간 바뀌며 다시 서류를 보여 달란다. 나는 하는 수 없이 서류를 꺼내어 그에게 건네준다. 서류를 받아든 그는 자기가 원하는 것이 바로 이것이었다며 점잖게 한마디 한다. '내가 바로 담당 공무원이야, 저쪽에서 일하는 애들은 인턴이거든.' 나는 아 그러냐고 맞장구를 쳐준다. 흑인 아저씨는 우리 가족 한 사람 한 사람의 여권에 도장을 찍고 사인을 하며 밝은 얼굴로 나에게 전공이 무어냐고 물어본다. 건축이라고 대답하니 오 그러냐며, 교수는 명예로운 직업이라고 우리 가족들을 보며 얘기한다. 그리고는 한마디 덧붙인다. '돈은 못벌지만.' 순간 한바탕 웃음이 창구를 뒤덮는다.

세 번째 관문은 세관심사다. 세관심사를 위해서는 수화물을 찾아야 한다. 수화물 찾는 곳으로 가보니 한참 시간이 지난 후라 우리 짐들만 덩그러니 있다. 카트를 구해 와서 여기저기 있는 짐들을 이엉차 올려 싣는다. 엄청난 크기의 카트를 한 사람이 하나씩 밀면서 세관 심사대로 간다. 세관 신고 카드를 제출하고 간단한 질문 후에 고개 끄덕임의 통과라는 신호를 받는다. 땡큐, 인사와 함께 문을 통과해 드디어 입국장으로 들어서니, 이날도 광복 60주년 기념일 오후 5시 30분이더라.

자리 잡기

토론토는 수도는 아니지만 캐나다 제일의 도시로 교육, 문화, 경제의 중심지이다. 동서 43킬로미터, 남북 21킬로미터로 펼쳐져 있는 토론토면적 641제곱킬로미터는 토론토시Metro Toronto와 광역 토론토Great Toronto Area 두 부분으로 구성되고 있다. 가운데 부분에 토론토시가 있고 그 주위로 위성 지역인 광역 토론토가 둘러싸고 있는 형상이다. 토론토시는 6개 구역Toronto, York, North York, East York, Etobicoke, Scarborough, 광역 토론토는 4개 구역York, Durham, Peel, Halton으로 구성된다.

토론토 총영사관에 의하면 한국인의 캐나다 이민 역사는 1960년대 초부터 시작되었다고 한다. 토론토에는 한인타운이 있다. 초창기 한인타운은 1970년대 중반부터 도심의 블로어(Bloor) 거리를 중심으로 형성되었다. 1999년부터 이곳에는 캐나다 내 소수민족으로서는 여섯 번째로 자국어, 즉 한글 표지판이 설치되었다. 그런데 1996년 이후 소위 '교육이민'으로 많은 한국인들이 토론토로 쏟아져 들어오면서, 이 한인타운의 중심이 교육 및 주거환경이 좋은 지하철 핀치Finch역을 중심으로 한 노스 욕North York 지역으로 이동한다.

토론토 도착 다음 날부터 본격적인 집 구하기 작업에 들어간다. 캐나다의 주거유형은 몇 가지로 나뉜다. 우선 캐나다 사람들이 가장 선호하는 단독주택이 있다. 이는 보통 2층으로 구성되는데 1층에는 거실, 부엌, 식당, 가족실 등의 공적인 영역이, 2층에는 사적인 영역인 침실이 3-4개 위치한다. 그리고 집 앞쪽으로는 진입 및 주차 공간이 있고 뒤에는 전용 마당인 잔디밭이 있다. 방갈로는 단독주택 중 단층으로 지어진 집을 지칭한다.

다음으로 타운하우스가 있다. 국내 상황으로는 연립주택이라고 할 수 있겠지만 거주의 개념은 많이 다르다. 즉, 타운하우스는 땅값이 비싼 도시에 살기 위해 변형시킨 단독주택의 개념이다. 우리의 연립주택은 층별로 세대가 분리되지만, 타운하우스는 한 열에 한 세대만 있고 한 세대가 2개 층, 또는 3개 층을 사용한다. 따라서 건물의 모양은 연립주택이지만 삶의 내용으로는 단독주택의 범주에 드는 것이다.

세 번째로 우리의 아파트에 해당하는 콘도가 있다. 따라서 콘도는 개인이 소유할 수 있으며 그 저층부에는 수영장, 헬스

장, 편의점 등 커뮤니티 시설이 위치한다. 최근 들어 많은 콘도들이 건설되고 있는데 아파트 문화에 익숙한 한국인들이 주 고객층이란다.

마지막으로 아파트가 있다. 아파트는 개인이 소유할 수 없고 임대만 할 수 있다는 점에서 우리로 따지면 임대아파트이다. 여기서의 임대는 월세를 뜻하고 전세는 아예 개념 자체가 없다. 임대자는 부동산 개발회사로, 거의 모든 아파트가 이러한 회사들이 임대사업을 위해 건설한 것이다. 지역과 단위세대의 크기에 따라 월세의 차이가 나는데, 일반적으로 토론토에서 침실 2개 아파트의 평균 월세는 1,000~1,200 캐나다 달러이다. 우리는 아파트를 위주로 수소문한다.

집을 정하다

#704 505 Cummer Avenue Willowdale, Ontario, Canada, M2K 2L8. 이것은 커머 거리와 베이뷰 거리 교차점의 동남쪽에 위치한 베이뷰 타워즈에 있는 집 주소이다. 아파트의 계약은 1년 단위로 하며, 계약을 위해 초청장 사본, 은행 잔고증명서, 첫 달과 마지막 달 임대료를 합친 금액의 머니 오더money order, 여권 사본 및 신청서 등을 제출한다.

베이뷰 타워즈는 모두 4개의 주동 건물로 구성된다. 중복도 형식캐나다에서는 계단식 아파트가 없다인 우리 동은 13층 규모로 172가구가 있다. 현재 국내에서는 거의 찾아볼 수 없는 중복도 형식이 사용된 가장 큰 이유는 안전과 관리의 경제성 때문이리라. 우리가 입주한 아파트의 월세는 1,497 캐나다 달러인데, 여기에는 모든 유틸리티전기, 수도, 난방, 엘리베이터 비용이 포함된다. 지하주차장의 사용료는 월 65 캐나다 달러이지만 1년 동안은 무료로 해준단다. 아파트는 3개의 침실과 2개의 화장실, 거실 및 주방/식당의 구조이고 거실 앞쪽과 안방 옆쪽에는 폭 1.2m의 발코니가 있다. 캐나다의 아파트가 한국의 아파트와 크게 다른 점은 다음 세 가지이다. 첫째, 붙박이장들이 많다. 우리 집만 해도 각 방에 하나, 복도에 하나 등 총 4개의 붙박이장이 있어서 옷 등의 수납에 전혀 어려움이 없었다. 둘째, 부엌에 냉장고, 레인지/오븐, 싱크대 및 수납장들이 기본으로 설치되어 있다. 셋째, 세탁은 집 안에서는 할 수 없고 지하층에 마련된 공동세탁실에서 동전을 넣고 하도록 되어 있다. 세탁 및 건조가 모두 가능한데 한 번 작동에 25센트 동전 5개를 넣어야 한다. 나중에는 새로운 기계들로 교체하고 6개로 올랐다. 이 세 가지는 우리와 같은 단기생활자에게는 물론 사회 전체적으로도 비용이 절약되는 시스템이라고 생각된다.

아파트는 우리나라에서는 볼 수 없는 무량판구조를 하고 있다. 무량판구조란 수평구조 부재인 량樑, 즉 보가 없이 기둥과 슬래브로 구성되는 형식을 말한다. 슬래브 밑면에 보가 설치되지 않으니 그만큼 한 층의 높이를 절약할 수 있다. 우리나라 아파트에도 보가 없다. 다만 무량판이 아니라 벽체들이 슬래브를 받치고 있는 벽식 구조 형식이다. 무량판구조는 실내를 자유롭게 구성할 수 있는 장점이 있는 반면, 공사에 여러 제약이 따른다. 또한 물건의 떨어짐, 의자의 끌림 같은 층간소음은 당혹감이 들 정도로 잘 들렸다. 아파트의 벽식 구조는 여러 장점에도 불구하고 벽의 위치 변경이 사실상 불가능하고 설비의 교체가 매우 어렵다는 측면에서 지속가능한 형식은 아니다.

그렇다면 기둥과 보와 슬래브가 일체식으로 구성된 라멘식 구조가 가장 합리적이라고 할 수 있는데, 문제는 이 형식에서는 보가 존재하여 한 층 높이가 증가한다는 것이다. 이같이 층고가 높아지면 아파트 건물 한 동당 한 개 층 이상이 사라지므로 공급자와 개발자는 엄청난 압박감을 느낄 수밖에 없다. 거주성과 지속가능성을 생각하면 라멘식 구조가 바른 방향이나 그렇다고 공급자와 개발자에게 희생을 강요할 수는 없다. 이것이 1962년 시작된 한국의 아파트가 벽식 구조를 취해온 가장 큰 이유이다. 또한 특별한 일이 생기지 않는 한 백 년이 지나도 변치 않을 상황이기도 하다. 정녕, 돌파구는 없는 것일까.

아파트 단지의 높이를 결정하는 요인으로 인동간격이라는 것이 있다. 아파트에서 앞 동과 뒷 동 사이의 간격이 인동간격인데, 이것의 근본 취지는 세대의 일조 환경을 보전하기 위함이다. 현재의 법규정은 그 취지를 무색하게 한 상황이지만, 여기서 창의적인 융통성을 발휘하면 어떨까. 즉, 인동간격을 정하는 층수는 벽식 구조 아파트 기준으로 산출하고, 그렇게 산출된 층수를 라멘식 구조로 하여도 그대로 인정해 주는 것으로 말이다. 그렇게 되면 인동간격이 법규정보다 조금 가까워지겠지만, 그로 인한 부정적 영향보다 훨씬 더 큰 긍정적 효용성이 다방면에서 얻어지리라 생각되기 때문이다.

'1945년 이후 건축의 아메리카화'

2005년 12월 1일부터 3일까지 토론토대학교에서는 AL&D, 미국학연구소, 미술학과 및 대학원 예술역사학과, 예술 및 과학학부가 공동 주최하는 국제회의가 열렸다. 세계 각국에서 온 삼십여 명의 학자들이 발표하는 회의는 2차 세계대전 이후 미국과 나머지 세계와의 건축적 상호영향을 탐구하는 '1945년 이후 건축의 아메리카화'가 주제이었다.

Jean-Louis Cohen[뉴욕대], 기조 강연: 아메리카화의 전개 과정

1941년 시사주간지 타임은 20세기는 아메리카의 시대라고 선언한다. 아메리카화는 초창기 주로 산업적인 측면에서 이루어지다가 2차대전 이후에는 그 폭이 매우 넓어진다. 먼저 마셜 플랜으로 대표되는 대규모 경제적 원조가 중요한 역할을 하고, 코카콜라로 대표되는 상품, 할리우드의 영화산업, 대중매체[방송/신문/잡지], 각종 전시회 및 박람회 등을 통해 아메리카화가 진행되어왔다.

Robert González[툴레인대], 아메리카화의 모델로서 범-아메리카주의

아메리카화는 문화 수출과 정치적 영향의 형태로 19세기 말 남미에서 시작된다. 범-아메리카주의는 미국과 남미 양쪽 기득권층의 결탁을 가져왔고 그 지지자들은 이것이 먼로주의[1823]와 직접적인 관련이 있음에도 정치적으로 사용하지 않도록 조심했다. 논문은 범-아메리카주의 초기 단계에서 행해진 정치적인 선전 방법과 양쪽 기득권층의 결탁을 추적한다. 이것이 후에 냉전 시기 유럽에서 사용한 미국의 전술에 어떤 영향을 미쳤을까? 조직이 통제하는 정보의 흐름은 반복 사용이 가능한 다수 모델[=재현 기계]을 생산했다는 점에서 성공적이었다.

Fernando Luiz Lara[미시간대], 아메리카화인가 브라질화인가? 브라질과 미국의 건축 교류, 1939-1964

전통적으로 브라질의 근대건축은 자유로운 형태를 강조하는 르 코르뷔지에의 영향을 받았다고 한다. 이러한 일반론을 부정할 수는 없지만, 그것이 중대한 실패를 초래한 것도 사실이다. 브라질과 유럽 아방가르드와의 관계는 많이 연구되었지만, 상대적으로 20세기 미국건축가들과의 상호교류에 대한 연구는 소홀했다. 1940년대 미국의 문화정책은 브라질 모더니즘을 해외에 알리는데 중요한 역할을 담당하였고, 브라질의 그러한 성공은 확실히 그 후 10년 동안 미국에 영향을 주었다. 브라질 건축가들이 미국의 경향과 화제를 관심 있게 주목하는

사이, 미국 문화산업이 가공할 정도로 수입되었고 거기에는 건축적인 이슈들도 포함되었다. 전후, 건축에 대한 브라질의 영향은 미미하였고 특히 미국에서는 더욱 그러했다. 브라질에서의 미국의 영향 역시 경시되어왔다. 논문은 그러한 교류를 드러내기 위한 일련의 소통과 불소통에서 출발하여 남미에서 아메리카화의 개념을 어디까지 확장해야 할지 논의한다.

Gaia Caramellino[토리노공대], 아바나의 도시계획: 혁명 이전 쿠바의 북아메리카 도시 모델, 1945-1959

전후 쿠바의 건축 출판은 도시 및 지역계획, 그리고 저렴주거 등에서 미국의 개념에 대한 전문가와 엘리트들 사이의 점증하는 관심을 반영하였다. 미국 계획가들과 건축가들의 쿠바에서의 활동은 이러한 모델들의 파급에 기반이 되었고 쿠바 계획의 발전에 상당한 영향을 주었다. 도시문제는 커다란 논쟁을 촉발하였고 그 결과 아바나 헌장[1948]과 같은 새로운 도시법이 제정되었다. 논문은 도시 및 지역의 재조직과 성장, 그리고 근린주구의 도입을 위해 종합계획과 시범계획을 채택하여 쿠바 국가도시계획을 진흥하였던 도시계획협회 회원들의 역할을 고찰한다. 또한 아바나를 완전히 관광과 위락의 단일 기능의 도시로 만든 미국 지역지구제의 실상을 드러낸다.

Richard Anderson[컬럼비아대], 1945년경 아메리카-소련의 우호 관계 구축

논문은 2차대전 직후 소련과 미국 건축가들의 협동작업에 대한 기록이다. 미국과 소련의 우호 건축위원회는 소련 건축계의 사람들과 교류망을 구축하였고 미국의 건설기술과 실무 경험을 전수하였다. 소련은 미국의 저층 주거 모델에 관심을 가졌으며 이러한 상황은 최소한 1947년까지 지속된다. 국제정치 상황이 대결 국면에 접어들면서 동서간의 반대 담론들로 인하여 미국과 소련의 건축적 협력 관계는 종결된다.

Greg Castillo[마이애미대], 전송오류: 아메리카화와 1950년 서독 건축가를 위한 미국의 도시계획실습 프로그램

논문은 미국무부와 독일주재 미고등판무관실 후원으로 전후 재교육을 위해 11명의 젊은 서독 건축가들이 미국에 파견된 잘 알려지지 않은 교환 교육 프로그램에 관한 내용이다. 교환학생들은 아메리카화의 수동인이 아니라 새로운 지식과 경험을 취사선택했던 능동인이었음을 원본 자료와 생존자 인터뷰 조사를 통해 밝힌다. 11명의 '훈련생'들은 도시계획에 대한 재교육을 노스 캐놀라이나 대학 도시 및 지역계획학과에서 받았다. 내용은 민간기업과 공공영역을 결합하는 뉴딜식 종합이었다. 국무부 입장에서 훈련생들이 흡수해야 할 가장 중요한 것은 도시계획 과정에서 공공의 참여를 촉진하는 기법이었다. 즉, 그러한 경험을 풀뿌리 민주주의를 만들어 가야 할 독

일에 접목하기를 희망하였던 것이다. 교육 말미에 학생들은 현장 방문과 독일 재건계획에 도움이 될 만한 사람들을 만나기 위해 투어 프로그램을 갖는다. 서독으로 복귀한 훈련생들은 영향력 있는 자리에서 일하지 못했다. 당시 관리들이 도시계획위원회의 혁신을 꾀하지 않았던 것이다. 경직된 관료들에게 풀뿌리 민주주의의 새로운 개념은 주입되지 못한다. 미국식 계획 실무를 서독에 이식하려 했던 프로그램은 실패했지만 그것은 도시계획의 한 역사로 미국식 참여 민주주의를 재생산하는 수단으로 남았다.

Dag Blanck[웁살라대], 근대 스웨덴과 아메리카: 전후 스웨덴의 건축과 도시계획에 대한 아메리카의 영향

논문은 전후 스웨덴의 건축과 도시계획에 대한 미국의 영향을 조사한다. 스웨덴의 근대성은 전후 집권당인 사회민주당과 밀접한 관련이 있다. 사회민주당은 스웨덴 사회의 많은 영역에서 광범위한 개혁 프로그램을 수행하였고, 이러한 스웨덴식 모델의 특징은 노동과 자본의 협력과 상호이해이다. 국민주택[folkhem]이라는 말은 새로운 스웨덴 사회를 대표하는 중요한 상징이다. 뉴딜로 대표되는 미국의 영향은 심대하였고 군나와 미달과 같은 영향력 있는 사람들은 중요한 통로가 되었다. 특히 중요한 것은 도시 경관에 중요한 변형이 일어났던 1950-60년대에 스웨덴이 가졌던 미국식 도시계획에 대한 관심인데, 이 주제는 현재까지도 많은 부분이 연구과제로 남아 있다.

Richard White[토론토대], 아메리카화의 캐나다화: 국경을 넘은 계획이념들, 1950-1970

토론토와 그 주변의 계획은 2차대전 이후 근본적인 변화를 겪었다. 아마도 가장 중요한 요인은 계획의 강제력을 가져온 계획법[1946] 때문이다. 그 결과 1953년 토론토가 광역화되었고 이를 위한 계획위원회가 설치되었다. 그 후 10년 동안, 토론토 지역 교통계획을 시발로 지역계획이 수행되었고, 이는 오래지 않아 광역지역계획과 개발 프로그램으로 발전하였다. 이러한 새로운 시도들은 미국에서 건너온 많은 계획이념에서 나온 것이었다. 하지만 1950-60년대 이러한 이념들이 수입되고 동화되는 과정에서 많은 변형이 발생한다. 지역 도시 조직의 본성이, 그리고 전문가들 사이에 유행했던 이념과 정부의 역할 또한 마찬가지로, 국경을 넘어온 이러한 이념들에 변형을 가했던 것이다. 이것을 규명하기 위해 논문은 1950-60년대 토론토 지역에서 적용된 세 이념, 즉 사법권을 가지며 배후지역까지 확대되었던 도시계획위원회의 이념, 도시 및 지역의 교통문제와 관련된 초창기 교통공학자들의 이념, 그리고 낙후된 도시 내부 재개발 대한 이념 등을 탐구한다.

Gillian Yates Atkins[토론토대], 노 다윗: 엑스포 67에서 아메리카의 예술, 건축 및 계획

벅민스터 풀러의 기념비적인 지오데식 돔은 몬트리올 엑스포 67의 상징이다. 중앙의 기념비보다는 신중한 통합계획을 시

도했음에도 불구하고, 풀러의 이 미국관은 완전한 미국풍으로 엑스포 부지를 점령하고 있다. 엑스포 67에서 미국관의 인기는 캐나다문화에 대한 미국의 영향력의 증거로 간주된다. 엑스포 67의 계획과 건설은 캐나다와 미국 디자이너 사이의 전례 없는 노력의 결과이다. 하지만 국수주의적 태도의 캐나다 언론은 이러한 협업을 비난하였다. 논문은 냉전 시기 캐나다와 미국 사이의 긴장과 협력이 엑스포 67의 예술, 건축 및 계획에 어떻게 반영되었는가를 고찰한다. 엑스포의 공식적인 지위는 존슨 미대통령을 위한 환영식에서 사무총장인 뒤퓌의 다음과 같은 선언에서 주어졌다. "미국은 골리앗이지만 우리는 다윗이 아니다."

Ken Tadashi Oshima[워싱턴대], 과장과 실제: 전후 일본 리더스 다이제스트 건물의 건설

1951년 도쿄 황궁 앞에 들어선 리더스 다이제스트 건물은 언뜻 전후 미국 문화의 명백한 상징이라고 볼 수 있다. 1940년대 말 미군정으로 일본이 변화함에 따라 이 잡지는 일본에서 큰 인기를 얻고 그 여세로 미국 건축가 안토닌 레이몬드[1888-1976]에게 신사옥의 설계를 의뢰한다. 건물은 최신 미국 콘크리트 기술, 기계 시스템 및 뉴욕 기술자 바이드링거의 구조디자인 등을 채택한다. 하지만 이 건물에서 아메리카화의 실질적인 과정은 보다 복잡하다. 체코에서 귀화한 레이몬드는 전쟁 전에는 17년이나 일본에서 살았고 전쟁 발발 후에는 미국으로 가서 미군사부 고문관으로 복무한다. 다이제스트 건물의

조경과 조각 예술품은 일본계 미국인인 노구치가 담당하였는데 너무 일본적이어서 초기에 거절당한다. 또한 그 당시 일본의 유명한 구조기술자는 이 건물이 구조 상식을 무시했다는 이유로 공개적으로 비판한다. 이러한 어려움을 극복하고 완공된 건물은 일본 근대건축의 시작이라는 칭송과 함께 1952년 건축학회상을 수상한다. 논문은 시공자, 사용자 및 사용 후 평가 등의 역동적인 변형 과정에서 나타나는 실상을 조사한다.

Pauline van Roosmalen델프트공대, 켄터키에서 온 교수들: 인도네시아 계획의 아메리카화

인도네시아를 점령한 네덜란드는 도시를 계획하고 건물을 건설한다. 그러나 그 방법들은 서서히 변해갔다. 초기 네덜란드식으로 작업했던 그들은 곧 기후에 맞춰 조정하는 것이 생존조건이라는 것을 깨닫는다. 토착의 방법과 기술을 어디까지 적용할 것인가에 대한 논쟁은 19세기 내내 계속된다. 토착과 네덜란드식이 결합된 잡종Indische 건축과 도시계획의 성격에 대한 식민지 건축가들 사이의 논쟁은 1920년대 절정에 달한다. 1949년 4년간의 전쟁으로 네덜란드가 인도네시아에서 물러나게 되나, 큰 변화는 일어나지 않는다. 실무나 교육에서 네덜란드식을 그대로 따랐던 것이다. 그러나 이러한 상황은 인도네시아의 이리안 자야 정복으로 갑자기 변한다. 이 전쟁의 결과로 모든 네덜란드인들이 밤새 인도네시아를 떠난다. 얼마안가 그들의 빈자리는 아메리카 건축가와 교수에게 넘어갔다. 아메리카인의 도래로 건축과 도시계획에서 사용된 기존의 모델은 변하였다.

Emre Gönlügür[토론토대], 아메리카 근대성의 진열장: 이스탄불 힐튼호텔, 1951-55

1950년대 초반 SOM의 고든 번샤프트가 설계한 이스탄불 힐튼호텔은 터키에 아메리카 건축 모델을 조정하여 이식한 대표적인 사례이다. 이 건물은 1930-40년대 나라에서 권장한 국가 양식을 과감하게 탈피한다. 장식 없는 직선형의 형태는 1950년대 많은 대형건축물의 미적 기준이 된다. 이스탄불 힐튼의 건설과정 조사를 통해 논문은 전후 터키 건축문화와 생산에 영향을 미친 아메리카 건축의 성격과 내용을 규명한다. 전후 우호적인 터키-아메리카 관계에 냉전의 정치적 상황이 더해져 그 건물은 명백한 정치적 의미를 띤다. 일반적인 시각에서 그것은 시장경제 우위의 증표이나 근대화를 아메리카화로 이해했던 터키인들에게는 아메리카의 부와 번영의 표상이었다. 또한 이스탄불 힐튼은 도시 건축경관에 심대한 영향을 주었고 신재료 및 신공법은 물론 현대적인 건축 논쟁까지도 유발하였다.

Chee Kien Lai[싱가포르국립대], 말레이시아 국가 프로젝트와 냉전 중 동남아시아에서의 미국의 역할

동남아시아 국가들에서의 급격한 변동은 2차대전 후 제국주의자들이 물러가면서 생겨난다. 국가의 경계선이 새로 그려지고 권력투쟁이 격화되면서 이 지역은 냉전의 처참한 무대가 된다. 1957년 영국에서 독립 이후 1963년까지 말라야연방은

이전 영국의 식민지들을 흡수하면서 미국을 포함한 서구 열강의 지원으로 말레이시아라는 큰 국가를 형성한다. 새 국가는 서구와의 동맹관계를 형성하고 공산주의를 제압한다. 이때 첫 내각은 수도인 쿠알라룸푸르에 상징적인 기능과 민족적인 의미를 함축하여 새 나라의 정통성을 표현하는 토목, 건축 프로젝트들을 발주한다. 예산은 자국 부담과 유엔과 미국의 지원금으로 충당한다. 논문은 이러한 프로젝트들을 통해 동남아시아에서 국제적인 건축개념 및 이념이 이식되는 내용을 고찰한다. 특히, 미국의 참여가 신생국의 제한된 역할과 미국 건축가들과 그들의 업무를 가져오는 조건으로 이루어졌다는 것을 논의한다.

Stephen Ward[옥스퍼드브룩스대], 미국으로부터의 교훈: 영국 도시계획의 경험, 1940-1999

논문은 20세기의 여러 시기에 영국에서 사용된 미국의 영향력을 고찰한다. 이를 위해 1945년 이후 계획 정책의 방향을 결정하였던 발로보고서[산업인구 분산에 관한 보고서, 1940], 뷰캐넌보고서[도시교통: 도시지역의 장기 교통문제 연구, 1963], 로저스보고서[도시 르네상스, 1999] 등의 보고서를 검토한다. 이들 보고서는 매우 다양한 도시계획의 양상을 다루지만 실제로는 각 시기 영국 도시계획의 핵심적인 정치, 실무, 대중적 관심을 다룬다. 논문은 미국에서 건너온 지침의 도출과정과 그러한 지침의 성격을 조사한다. 또한 도시계획 개념과 실무의 국제적인 전파과정에 대한 일반적인 틀을 논하고 미국의 개념이 영국의 계획에 적용되고 종합되는 방법을 보여준다.

Pieter Uyttenhove(겐트대), 미국에서 온 모델과 반-모델: 아메리카의 '좋음'과 '나쁨'에 대한 롯즈의 매력적인 담론

CIAM의 회원이고 프랑스 공업화 건축에 대부인 롯즈(1891-1978)는 미국에 대한 이중적인 태도를 보인다. 1945년 프랑스 재건성 장관인 도트리는 조사 임무를 부여하여 그를 미국에 파견한다. 그리고 1950-60년대 두 번의 미국 여행을 통해 롯즈는 미국을 선과 악의 대규모 저수지로 인식한다. 건축과 기술, 그리고 도시계획에 대한 논의를 위해 그는 테네시 밸리 당국의 도시계획과 고속도로, 교량 및 댐의 건설을 참고한다. 그는 라이트와 노이트라와 같은 미국 건축가들을 존경한다. 그가 보기에 미국의 자동차 산업은 공업화 건축의 모델이다. 그러나 도시의 무분별한 확장, 오염, 쓰레기, 부동산투기 등과 같은 부정적인 효과 또한 인식했다. 논문은 롯즈의 담론작업에서 모델과 반-모델을 규명하기 위해 미국을 보았던 그의 다양한 방법을 고찰한다. 또한 이것들을 당시 프랑스를 풍미하였던 친미와 반미의 풍조와 관련짓는다.

Murray Fraser(웨스트민스터대), 혼성의 여섯 가지 정도: 전후 영국건축에서의 아메리카의 영향

2차대전 이후 영국의 건축과 도시는 온 나라를 뒤덮은 미국의 경제, 사회, 문화적 영향 아래 극적인 변화를 겪는다. 아메리카의 개념과 사례는 전후 영국건축의 거의 모든 부분, 즉 기념물, 사무소, 주거, 도시계획 및 건설기술에 대한 개념에서

하이테크와 같은 자생적인 운동에 이르기까지 영향을 미친다. 논문은 스미스손 부부, 아키그램, 포스터, 로저스 등의 건축가에 대한 미국의 영향을 추적한다. 미국과의 문화적인 교류는 일상생활뿐 아니라 1960년대의 사무소 건물들, 헤이포드 공군기지, 밀톤 케인즈와 카나리 워프와 같은 다양한 사례들에도 영향을 준다. 전후 영국건축에 대한 미국의 영향은 모든 영역에서, 이질적으로, 그러면서도 완전히 착종되어 이루어진다. 그 결과 영국의 풍경은 돌이킬 수 없는 변화가 생기고, 또한 건축을 이해하고 수행하는 방법 또한 변한다.

Cor Wagenaar[델프트공대], 용감한 신세계에서의 모닝 콜: 재건시기 네덜란드 도시계획 및 건축의 아메리카화

1920-30년대, 네덜란드에서 아메리카의 문화적 영향은 대중매체와 밀접하게 관련된 일반 현상으로 간주되고 이에 따라 전통적인 문화 엘리트들은 이를 홀대한다. 이처럼 근대 예술가 및 건축가들은 아메리카 문화의 가치를 인정하지 않았지만, 그것의 생동감과 미국 대도시 삶의 강렬한 특징은 근대적 아름다움의 새로움을 제공하였다. 1945년 이후, 드디어 아메리카 문화는 보편적인 지위를 획득한다. 1950년 이후 아메리카는 복지국가의 사회, 민주 및 소비자본의 표상이 되고, 전 세계적으로 근대성을 이끌어가는 배후로 인식된다. 논문은 1950년대 네덜란드에서 아메리카화와 모더니즘의 공생에 초점을 맞춘다.

Paolo Scrivano[토론토대], 주거에서 가정으로: 전후 이태리 건축에서의 아메리카화 읽기

전후 이태리 문화는 강력한 아메리카화의 과정을 겪는다. 건축은 어떤가? 전후 북과 남의 사회경제적인 심각한 불균형과 강력한 공산당의 존재는 미국의 깊은 개입의 원인이 된다. 자연스럽게, 이태리는 마셜 플랜 기금의 주요 수혜자가 되고 이 기금의 상당 부분은 주거 및 건설기술 진흥 분야에 투입된다. 그 결과 아메리카 모델은 많은 이태리 디자이너와 계획가 및 비평가에게 참조 대상이 된다. 그러나 아메리카의 건축 및 도시계획 모델은 종종 거부되거나 변형된다. 1950년대 중반까지 이태리 건축 및 도시계획에서의 아메리카화는 많은 부분이 미확정의 과정이다. 1950년대 말 소위 경제 기적과 함께 상황은 급격하게 변화한다. 사실, 이태리 건축에서의 아메리카화는 소비사회의 도래와 보조를 같이한다. 아메리카화의 분명한 징표로 아메리카 모델에 대한 약해진 저항은 이태리가 소비사회로 변했음을 의미하는 것이었다. 이러한 아메리카화의 과정은 가장 먼저 거주공간에서 나타났다. 논문은 아메리카화의 과정이 전후 이태리 건축에 영향을 주었다면 그것은 미국의 원조 프로그램이나 이태리의 공식적인 건축 활동과는 상관없이 나타났다는 것을 규명한다. 1960년대의 가정에서 그것의 자취를 발견할 수 있는 것이다.

Caroline Maniaque릴건축대, 프랑스에서 아메리카의 지각: 반문화적 사례

1960년대 프랑스 건축가들이 미국을 방문했을 때, 그들은 과밀화된 도시, 커튼월, 실무와 신기술뿐만 아니라 수공예 주택, 건축과 기술에 대한 거부 등도 경험한다. 즉, 아메리카화는 한 방향을 의미하지 않는다. 이러한 관점에서 연구는 아메리카에서의 경험이 어떻게 프랑스 문화에서 발견되는가를 세 가지 방법으로 논의하고 있다. 첫째, 1960년대 아메리카를 방문하여 자신들의 작업에 깊게 영향을 받은 몇몇 프랑스 건축가들의 추적. 둘째, 유럽에서 이러한 아메리카의 경험을 수용한 현장들의 조사. 셋째, 1960년대 말까지 프랑스 문화에 지속적으로 영향을 준 이에 해당하는 예들의 조사. 그 결과 아메리카는 근대성과 반근대성, 도시의 복잡성과 시골의 단순성, 그리고 기술 등 모든 것에 영향을 주었다는 것을 규명한다.

'할리우드 키드의 생애'

나는 이번 회의를 참석하는 동안 '할리우드 키드의 생애'라는 국내 영화가 생각났다. 어릴 적부터 할리우드 영화광으로 자라나 드디어 감독이 된 주인공이 할리우드의 세례에서 한 발자국도 벗어나지 못하는 자신을 발견하고 절망한다는 이 영화가 세계 각국에서 온 학자들이 주장하는 아메리카화의 저력을 생활 수준에서 가장 잘 드러낸다는 생각이 들었다. 유일한 절대강자, 미국의 힘은 과연 어디에서 나오는 것일까?

프리드만2003은 아메리카화가 바로 세계화의 길이 될 수 있었던 요인을 다음과 같이 들고 있다.

> 미국은 지리적 입지가 가장 이상적이다. 미국은 문화, 인종, 언어가 비할 데 없이 다종다양하여 지구상의 모든 대륙 사람들과 자연스레 친분 관계를 형성할 수 있다. 미국은 국가 경제가 최소한 다섯 개의 상이한 지역 경제 구역으로 구성되어 있으면서 이 모든 지역적 경제활동이 하나의 통화로 연결, 통합되어 있다. 그리고 이 통화가 곧 세계 공용통화이다. 미국은 극도로 다양하고 혁신적이며 효율적인 자본시장을 가졌다. 미국은 이 세상에서 가장 정직한 사법 및 규제 시스템을 갖췄다. 미국은 현명한 파산법 시스템과 법원을 갖췄다. 미국은 외국 이민자에게 관대한 국가 시스템을 갖췄다. 미국은 민주적이고 유연한 연방정치 체제로 운용된다. 미국은 가장 유연한 노동시장을 갖췄다. 미국은 정부 비호를 받는 카르텔을 지극히 혐오한다. 미국은 괴짜에게 관대하다. 미국은 정보면역결핍증에 걸리지 않는 기업들의 나라이다. 미국은 뿌리 깊은 기업가 문화와 이를 권장하고 배양하는 세금 체재를 갖췄다. 미국은 환경친화적이고 광활한 자연과 작은 마을들을 많이 지녔다. 미국은 정보의 자유로운 흐름을 값지게 여긴다. 미국은 다국적 기업이든 영세기업이든 글로벌하게 생각하는 것에 대해 편안하게 느끼게 해 빠르고, 가볍고, 네트워크로 연결되어 있고, 지식 집약적인 부문에서 탁월한 수완을 발휘하게 한다.

정도의 차이는 있지만, 이러한 주장에 마음이 편치만은 않을 것이다. 그렇다고 무턱대고 부정할 수도 없다. 아메리카화는 이미 압도적이다. 우리 건축계만 하더라도 아메리카화 체제 안에 있지 아니한가? 해방 이후 건축 교육의 가장 큰 변혁인 5년제로의 거의 싹쓸이 통일도 아메리카화 때문이다. 건축학교육의 인증작업도 당연히 아메리카화의 영향이다. 건축 실무의 세계도 상황은 비슷하다. 미국의 도면 시스템과 스위츠 카탈로그를 보며 실무에서 자괴감을 느끼지 않았던 사람들이 과연 있을까. 모든 상황들이 이럴진대, 아메리카화에 대한 우리의 자각은 너무도 둔감하다. 이것 또한 아메리카화의 보편성을 보여주는 증표인가. 진정, 우리의 건축을 찾아 나가기 원한다면 아메리카화에 대한 논의와 성찰이 진지하게 선행되어야 하지 않을까.

| 슬러리 쉴드 TBM |

"아, 평생 말다툼도 가능할 수 있겠구나 확신이 들면
그(녀)와 일생을 함께해도 될 것입니다."

2022년 여름, GTX 6공구의 슬러리 쉴드 TBM[Tunnel Boring Machine] 현장을 방문하였다. 슬러리 쉴드 TBM은 한강의 높은 수압에 대처하기 위해 슬러리를 가압하여 사용하면서 굴착 부분에 발생하는 토압을 견디도록 보강재로 마감하며 터널을 만드는 공법으로 현장 방문은 이번이 처음이었다.

기계값이 260억 원이나 되는 6공구 슬러리 쉴드 TBM 장비의 구조는 50개의 커터로 굴착을 담당하는 헤드[Head]부, 슬러리로 굴착부를 지지하는 역할과 굴착 토사가 슬러리와 혼합되어 배출되는 후드[Hood]부, 장비를 작동시키는 거더[Girder]부, 7개의 세그먼트를 굴착한 곳에 일체화하여 터널을 완성시키는 테일[Tail]부로 구성되고 있다. 또 한편으로는 전통, 중통, 후통의 세 부분으로 구분하기도 한다.

현장에 도착하여 안전모와 장갑을 착용하고 현장소장과 함께 지상에서 60미터 하부로 이동하였다. 지하에 도착해서 내려온 수직구를 올려다보니 서쪽의 강렬한 햇빛이 쏟아져 내려오면서 영화에서 보암직했을 장대한 장면이 연출되고 있었다. 이 수직구로 수많은 양의 부속품들이 내려와 대단한 크기의 TBM 장비를 완성한 것인데, 장비 조립의 전 과정을 소개하는 빠른 동영상을 통해 엄청난 작업임이 충분히 느껴졌다.

슬러리 쉴드 TBM으로 뚫는 한강 밑 터널은 총 길이 2,628미터로 강 위의 동호대교와 X자로 교차하는 형상이다. 북에서 남으로 8개월 동안 1,314미터를 뚫고 2개월 동안 장비를 다시 돌리는 과정을 거쳐 남에서 북으로 7개월 동안 1,314미터를 뚫는 작업이다. 굴착 직경은 8.23미터인데터널 외경 7.9미터, 내경 7.2미터 이미 공사가 완료된 부분은 말쑥한 모습을 하고 있어서 오히려 산뜻함이 느껴졌다.

일본의 지하공간 관련 서적들을 접하면 건축과 토목 분야가 긴밀하게 협업하고 있는 것을 알게 되는데, 이것이 늘 부럽게 생각되었다. 2011년 봄, 한국터널지하공간학회당시 김승렬 회장에서 연락이 오면서 드디어 고대하던 만남이 성사되었다. 그래서 출범된 것이 학회 내 '지하융복합개발위원회'이다. 지금까지 다학제적인 이 위원회 활동을 하면서 많은 보람을 느끼고 후의도 넘치게 받았는데, 이 또한 지하가 선물한 복이라 생각한다. 오늘 방문한 슬러리 쉴드 TBM 현장도 그중 하나이다.

지하융복합개발위원회 얘기가 나와 자료를 살펴보니, 2012년 출범에 감격하여 쓴 글이 있다. 그중 일부를 조금 고쳐서 이곳에 옮긴다.

지하융복합개발위원회가 오랜 준비 기간을 거쳐 정식으로 발족되었다. 개인으로는 감개무량이요, 학회로는 지평의 확장이며, 학문적으로도 상당히 의미 있는 일이다.

... 더구나 날이 갈수록 지하공간이 새록새록 좋아지니 아무래도 필자와 지하공간과의 만남은 운명이라는 생각이 든다.

필자가 지하공간에 대한 일본의 학문적 풍토를 보며 가장 부러웠던 것은 주옥과 같은 도서들이 토목, 도시, 건축 등 다학문적 노력의 결실로 나왔다는 점이다. 그러면서 우리도 속히 이러한 분위기가 성숙되기를 고대하였다.

'국가에 도움이 되고 인류에 기여하자.' 이는 지하융복합개발위원회의 모토이다. 원대한 스케일의 모토 하에 매월 한 번씩 정기모임을 가지면서 '지하도시'를 주제로 상호 의견을 지속적으로 개진하고 있다. 향후 인류는 반드시 지하도시의 건설을 필요로 할 것인데, 그에 대해 다학문적으로 자유롭게 접근해보자는 취지를 가지고 말이다.

지난 6월 말에는 지하도시포럼 2012에 초청되어 상트페테르부르크를 방문하였다. 기조 강연에서 필자는 한국의 도전이라는 주제로 삼성동 한전 이전 부지에 365미터 깊이의 지하도시를 제안하는 내용을 발표하였다. 사실 이 내용은 우리 위원회 모임을 통해 이미 여러 차례 아이디어를 교환한 것이었다. 그런데 대단히 흥미롭게 다른 나라에서 온 두 명의 기조 강연자도 지하도시 개념을 발표하는 것이 아닌가? ... 우리 위원회에서 논의하고 있는 주제가 국제적 추세와 부합된다는 측면에서 위안도 되었지만, 더욱 크게 다가온 것은 앞으로 열심히 해야 한다는 부담감이었다.

'국가에 도움이 되고 인류에 기여하는 지하융복합개발위원회'가 되는 그날까지, 모두 파이팅!

| 강남 지하도시 |

"바르게 잡아 다스린다는 뜻의 정치는 대체 그 목적어가 무엇인지 헷갈립니다. 인류역사상 의미와 가장 동떨어진 단어가 정치입니다."

배고파 서러운 배 부여잡고 살던 때, 막걸리 서너 사발에 자신의 표를 팔던 시절이 있었다. 한강의 기적이라 부르는 경제성장이 일어나고 덩달아 국민의 의식 또한 일취월장하니 막걸리 따위로는 어찌할 수 없는 상황이 되었지만, 신종 막걸리는 여전히 유효한 모양이다. 바로 개발이라는 막걸리 말이다. 토론토대 방문 교수로 있던 어느 날, 선거 때가 되었는지 한강 이남의 어느 구청장 후보가 강남 지하도시 개발을 공약으로 내걸었다. 조정래 '한강'의 한 장면, '집에서 고무신이고 빨래비누 받고, 장터서 막걸리 얻어묵고 함스로도...'가 생각나서 바로 글을 만들어 신문사로 보낸다. 이른바 〈'강남 지하도시'의 오해〉다.

최근 서울 서초구가 강남대로 지하에 20만 평 규모의 지하도시를 건설하겠다고 한 발표를 접하며 아직도 우리를 강하게 붙잡고 있는 개발의 망령을 본다. 오해하지는 마시라. 필자는 지금 캐나다 지하공간, 특히 토론토 지하보행몰 시스템과 몬트리올 실내도시를 연구하기 위해 토론토대학에 와 있는 친지하파 인사다.

강남 지하도시의 정서는 충분히 이해할 만하다. 지하철 신분당선 공사를 위해 굴착될 땅속 공간을 쾌적한 도시생활을 위해 활용하려는 것은 오히려 선구적 안목이다. 인근에 위치한 코엑스몰과 센트럴시티 대형 지하공간의 성공도 긍정적인 영향을 주었을 것이다. 그리고 선진 각국, 특히 캐나다의 성공은 큰 힘이 되었을 것이다. 마지막으로 개발의 성공이 가져다주는 정치적 입신양명이라는 측면에서 청계천 복원공사의 성공은 바로 시범사례가 되었을 것이다. 그러나 치우친 정서는 오해를 감싸 안을 수밖에 없다.

첫째, 강남 지하도시에는 지하에 대한 오해가 있다. 지하공간은 땅을 파면 나오는 당연한 것이 아니다. 지하철이 30미터 깊이로 건설되니 지하 5~6층까지 파고들어도 문제될 것이 없다는 당국자의 말은 거의 심장을 멎게 한다. 아직도 우리는 토목과 건축을 구분조차 못한다. 그리고 자본의 속성에 따라 사람은 안 보이고 상업적 성공만 보인다.

둘째, 도시에 대한 오해가 있다. 도시가 무엇이냐는 현학적 질문을 하려는 것이 아니다. 지하공간에 도시라는 이름을 붙인 곳은 전 세계 사례 중에서 몬트리올이 유일하다. 그만큼 그곳에는 계획과 세월, 자원과 노력, 때로는 투쟁이 녹아 있다. 진정 도시를 생각할 요량이라면 임도 보고 뽕도 따려는 속물성부터 버려야 한다.

셋째, 도로에 대한 오해가 있다. 강남대로의 법적 용도는 당연히 도로다. 따라서 민법에 따라 그 지하의 용도 또한 도로다. 도로는 공공의 보행 및 차량 소통을 위해 사용되는 곳이므로 그곳을 사적으로 점유하는 것은 원칙적으로 불법이다. 그러나 일본 지하가의 전통을 따르는 우리의 현실 법은 일정 부분의 상가를 허용하고 있다. 그런데 강남 지하도시에서는 공간의 40퍼센트를 상업 시설로 꾸미겠단다. 당국자에게 묻고 싶다. 40퍼센트라는 숫자가 의미하는 참혹함을 알고 있는가. 도시를 살리기는커녕, 정녕 세계에서 가장 혼잡한 지하공간이라는 오명을 뒤집어쓰고 싶은 것인가.

넷째, 강남 지하도시에는 몬트리올에 대한 눈먼 사랑이 있다. 이것은 추측성 확신이다. 당국자에게 또 물어보자. 몬트리올 실내도시를 강남에 적용할 수 없는 열 가지 이유는? 장점만 보이고 단점이 안 보이는 경우는 짝사랑밖에 없고, 그것이 개인사가 아니라 공공의 영역에서 발생하면 그 열병의 막대한 대가를 시민이 두고두고 치러야 한다.

지하공간은 세계 최고 수준의 과밀도시 서울이 가지고 있는 마지막 공간자원이다. 이 자원을 배려 깊게 조성하여 토론토처럼, 몬트리올처럼 시민들의 삶의 질을 높이는 용도로 사용하는 것에 누가 반대를 하겠는가. 그러기 위해서는 시간이 필요하다. 깊고 넓게 생각하기 위한 시간 말이다.

| 건축과 터널의 랑데부 |

"사람은 인자함으로 남에게 사모함을 받습니다."

세계적인 건축가, 안도 다다오를 다룬 영화에서 그는 경쾌하게 말한다.

> 우선 창조적인 근육을 단련해야 해요. 영화 보고, 음악회 가고, 미술관 가고, 남이 건축한 걸 보고, 그 이상을 만들겠다는, 그걸 초월하겠다는 용기를 가져야지... 늙어서 체력이 떨어지면 싸울 마음이 사라져요. 창조적 근육이 없어질 경우에도 마찬가지죠. 똑같아요. 둘 다 단련해야 하니까. 매일 치열하게 살지.

건축에 들어서기 전 아마추어 권투선수였던 안도는 공원에서 까불면서? 그림자 복싱으로 몸을 단련하고 있었다.

1941년에 태어난 안도 다다오... 영화 마지막 부분에 그는 췌장암 말기 환자로 초췌한 모습을 하고 있다. "췌장암에서 완치된 사람이 있나요?" 그가 의사에게 물었다. "안도 선생께서 그런 첫 사람이 되어주세요." 의사의 지혜로운 대답에 의지하여 암과 열심히 싸우고 있지만, 그가 혼신의 힘으로 설계했던 상하이 폴리 대극장Shanghai Poly Grand Theater 개관식에는 결국 참석하지 못한다.

영화를 통해 알게 된 상하이 폴리 대극장의 건축개념에 매료되어 나는 이곳을 몇 개월 간격으로 연거푸 방문하여 결국 내부까지 세세히 살펴보게 되었다. 나를 매료시킨 개념이란 바로 건물 안에 터널들을 만든 것이었다. 건물의 기본 형상은 가로 100미터, 세로 100미터, 높이 34.5미터의 직육면체 상자이다. 건축가는 이 상자 내부에 수직, 수평, 그리고 대각선 방향으로 모두 다섯 개의 터널을 뚫었다. 6개 층 높이의 수직 로비 터널, 2개 층 높이의 수평 현관 터널, 1층의 대각선 야외극장 터널과 지붕의 대각선 야외극장 터널, 마지막으로 인접한 고층 건물과 연결되는 수평 통로 터널이 그것들이다.

터널들은 내부에서 극적인 공간들을 만들 뿐만 아니라, 자칫 무료할 수 있는 상자 모양의 외부에서도 사과 모양이나 구멍 난 스위스 치즈처럼 대담하고 창의적인 모양을 만들고 있다. 결국, 건축과 터널이 만나 큰 감동을 자아내고 있는 것이다.

오랫동안 췌장암을 장하게 이겨내고 있는 안도 다다오에게 경의와 함께 힘찬 응원을 보내며, 우리도 육체적인 단련과 함께 창조적인 근육 연마를 지속하여 크고 작은 감동들을 발산할 수 있기를 소망한다.

| 책과 건축가 |

"인내는, 그것이 무엇이든, 결실의 제일 조건입니다."

2006년 5월 26일, 대학의 강의 진행에 여러모로 도움이 되겠다는 생각에 네이버 카페 '이강주'를 개설하였다. 처음에는 그런 생각을 못하였다가 2년 뒤부터 카페 가입 신청자주로 창원대 학생에게 질문을 하였고 그에 대해 2021년 9월 28일까지 739명이 응답을 해주었다.

'가장 영향을 받은 건축 관련 책은?'
'가장 좋아하는 국내 건축가와 해외 건축가는?'

질문에 대한 가입자들의 답변을 언젠가는 정리해 보리라 생각했었는데 이번에 기회를 마련하면서 숙제 하나를 풀었다. 응답해 준 모든 분께 머리를 숙인다.

건축 책; 제목-지은이저자 없는 것은 잡지

30명 선택 *건축, 음악처럼 듣고 미술처럼 보다-서현

18명 선택 *연전연패-안도 다다오

15명 선택	*월간 SPACE
11명 선택	*행복의 건축-알랭 드 보통
10명 선택	*건축을 향하여-르 코르뷔지에
9명 선택	*건축학교에서 배운 101가지-매튜 프레더릭 *월간 CONCEPT
7명 선택	*건축가가 말하는 건축가-이상림 외 *도시는 무엇으로 사는가-유현준 *C3 magazine
6명 선택	*침묵과 빛-존 로벨 *El Croquis
4명 선택	*건축가들의 20대-도쿄대학 안도 다다오 연구실 *건축과 감각-Juhani Pallasmaa *공간열기-김인철 *재미있는 건축이야기-루이스 헬만 *정신착란병의 뉴욕-렘 콜하스 *프랭크 게리와의 대화-바버라 아이젠버스
3명 선택	*20세기 건축-김석철 *가우디 공간의 환상-안토니 가우디

*건축가 없는 건축-BERNARD RUDOFSKY
*건축예찬-지오 폰티
*매일매일 자라기-김진애
*현대 건축을 바꾼 두 거장-천장환
*죽기 전에 꼭 봐야 할 세계 건축 1001-마크 어빙, 피터 세인트 존

2명 선택

*1968년 이후의 건축이론-마이클 헤이스
*감응의 건축-정기용
*건축가가 되는 길-로저 K 루이스
*건축가의 수첩-담디 편집부
*건축가처럼 생각하기-할 박스
*건축, 사유의 기호-승효상
*건축물에는 건축이 없다-양용기
*건축, 우리의 자화상-임석재
*건축의 일곱 등불-존 러스킨
*공간과 장소-이-푸 투안
*공간에게 말을 걸다-조재현
*디자인 기능 미-양용기
*공간이 마음을 살린다-에스더 M. 스턴버그
*그대가 본 이 거리를 말하라-서현
*빈자의 미학-승효상
*나는 건축가다-한노 라우테르베르크
*뉴 어바니즘 헌장-뉴 어바니즘 협회
*딸과 함께 떠나는 건축여행-이용재

*르 코르뷔지에 건축 작품과 프로젝트 세트-르 코르뷔지에
*무량수전 배흘림기둥에 기대서서-최순우
*생각하는 건축-알렉산드라 미지엘린스카, 다니엘 미지엘린스키
*오래된 것들은 다 아름답다-승효상
*우리건축 서양건축 함께 읽기-임석재
*작은 집 큰 생각-임형남, 노은주
*장소와 장소상실-에드워드 렐프
*집을 순례하다-나카무라 요시후미
*현대건축의 흐름-유현준
*S, M, L, XL-Koolhass, R., Mau, B.

1명 선택

*20세기 건축-크리스티나 하베를리크
*7개의 키워드로 읽는 사회와 건축공간-최윤경
*감각의 단면-배형민
*개념에서 건축으로-김준성
*개미-베르나르 베르베르
*거꾸로 읽는 도시 뒤집어 보는 건축-양상현
*건축가 김수근-황두진
*건축공간 박물관-김현철 외
*건축과 유토피아-Manfredo Tafuri
*건축과 인간-Eugene Raskin
*건축 그래픽 스탠다드-미국건축가협회AIA
*건축디자인론-허병이

*건축 생활 속에 스며들다-조원용
*건축 속 재미있는 과학 이야기-이재인
*건축예술의 체득-S.E. 라스무센
*건축으로 말하기-유진 라스킨
*건축을 꿈꾸다-안도 다다오
*건축을 말한다-에이드리언 포티
*건축을 묻다-서현
*건축을 뒤바꾼 아이디어 100-리차드 웨스턴
*건축을 시로 변화시킨 연금술사들-황철호
*건축을 읽는 7가지 키워드-김혜정
*건축의 거인들, 초대받다-자예 애베이트, 마이클 톰셋
*건축의 복합성과 대립성-로버트 벤투리
*건축의 ABC-James F. O'Gorman
*건축이란 무엇인가-승효상 외
*건축이 태어나는 순간-후지모토 소우
*건축의 디테일은 무엇인가?-에드워드 R. 포드
*건축의 탄생-김홍철
*건축 전공하면 뭐하고 살지?-정기정 외
*건축 콘서트-이영수 외
*경쟁불패-조지형, 최혜선
*구본준의 마음을 품은 집-구본준
*공간배치의 방정식-이즈카 유타카
*공간에게 말을 걸다-조재현
*공간의 생산-앙리 르페브르

*공간을 물로 보다-손광호, 최계영
*김병만의 집 꿈꾸다 짓다 살다-김병만, 박정진
*나는 건축이 좋아지기 시작했다-더그 팻
*나는 마당 있는 작은 집에 산다-이현욱
*내가 살고 싶은 작은 집-임형남, 노은주
*넓게 보는 주거학-주거학연구회
*네오 큐비즘과 추상 픽처레스크-임석재
*눈-막상스 페르민
*당신의 서울은 어디입니까?-황두진
*도시 건축의 새로운 상상력-김성홍
*도시계획-르 코르뷔지에
*동방여행-르 코르뷔지에
*두 남자의 집짓기-이현욱, 구본준
*라파엘 모네오가 말하는 8인의 현대건축가-이영범, 정태용, 이상현
*루이스 칸 작품과 프로젝트-루이스 칸
*르 꼬르뷔제 건축작품읽기-이영한 외
*마음으로 디자인하는 건축-아키텍처 포 휴머니티
*미래의 건축 100-마크 쿠쉬너
*미래의 도시-피터 홀, 울리히 파이퍼
*미술관이 된 시자의 고양이-홍지웅
*바우하우스-프랭크 휘트포드
*빨간 도시-서현
*보이지 않는 건축, 움직이는 도시-승효상

*보이지 않는 도시들-이탈로 칼비노
*보이지 않는 집-백희성
*복합체 201-장윤규
*불완전한 건축-Jeremy Till
*비움의 구축-강혁, 민현식
*빌딩 부자들-성선화
*사람 건축 도시-정기용
*삶의 건축과 패러다임 건축-이동언
*썬과 함께한 열한번의 건축 수업-권선영
*세계에서 가장 위대한 건축 50-닐 스티븐슨
*세상에서 가장 친절한 건축디자인 교과서-스즈키 토시히코 외
*세상을 바꾼 건축-서윤영
*시뮬라시옹-장 보드리야르
*아파트 한국사회-박인석
*안도 다다오 일을 만들다-안도 다다오
*알바로 시자의 건축에서 대지 맥락을 고려한 건물 배치 방법에 관한 연구-김연준
*약한 건축-쿠마 켄고
*어디서 살 것인가-유현준
*어바웃 해피니스-어맨다 탤벗
*우경국의 건축이야기-우경국
*우리는 다른 집에 산다-소행주, 박종숙
*이 집은 누구인가-김진애
*이집트 구르나마을 이야기-하싼 화티

*작은 집-르 코르뷔지에
*장식과 범죄-아돌프 로스
*주거 인테리어 해부도감-마쓰시타 기와
*주거해부도감-마스다 스스무
*주택순례-나카무라 요시후미
*주름, 라이프니츠와 바로크-질 들뢰즈
*집짓기 바이블-조남호 외
*집을, 짓다-나카무라 요시후미
*집짓기 해부도감-오시마 겐지
*침묵의 봄-레이첼 카슨
*톰 소여의 모험-마크 트웨인
*튼튼하고 아름다운 건축시공 이야기-김광만, 현동명, 김영춘
*파리를 놀라게 한 백희성의 환상적 생각-백희성
*페터 춤토르 건축을 생각하다-페터 춤토르
*페터 춤토르 분위기-페터 춤토르
*프랭크 로이드 라이트 자서전-프랭크 로이드 라이트
*프레시지옹-르 코르뷔지에
*프로그램 다이어그램-봉일범
*한국건축답사수첩-한국건축역사학회
*한국 주거의 사회사-전남일 외
*한옥이 돌아왔다-황두진
*한옥에 살어리랏다-새로운 한옥을 위한 건축인 모임

*헤르만 헤르츠버거의 건축 수업-헤르만 헤르츠버거
*환경건축·환경도시-오니시 마사노리
*희망을 짓는 건축가 이야기-안드레아 오펜하이머
*ACTIVITY DIAGRAMS-담디 편집부
*YES IS MORE-비야케 잉겔스
*Finding Form-Frei Otto, Bodo Rasch
*CAMPO BAEZA. COMPLETE WORKS-Óscar Riera Ojeda
*THE NATURE OF ORDER-Christopher Alexander

좋아하는 건축가

우리나라

*승효상 _93명
*김수근 _77명
*정기용 _33명
*조민석 _14명
*김중업 _12명
*김찬중, 문훈, 유현준 _각 8명
*유걸, 황두진 _각 7명

*김인철, 김현수 _각 6명
*김효만, 양진석, 조병수 _각 5명
*류춘수, 우경국 _각 4명
*곽희수, 김준성, 백희성, 장세양, 조성룡, 차운기 _각 3명
*김석철, 김원, 김종성, 우규승, 장윤규 _각 2명
*김개천, 김광수, 김우영, 김창길, 김태만, 김태영, 김헌, 도창환, 도현학, 민현식, 박정진, 박희태, 백지원, 오세민, 이상림, 이은석, 이일훈, 이창균, 이현욱, 장해철, 정림건축, 정진국, 조성룡, 최삼영, 최영준, 최페레이라 _각 1명

외국

*안도 다다오 _104명
*르 코르뷔지에 _67명
*자하 하디드 _46명
*안토니 가우디 _31명
*렘 콜하스 _28명
*루이스 칸 _27명
*프랭크 로이드 라이트 _18명
*알바로 시자 _16명
*장누벨 _15명
*프랭크 게리, SANNA _각 14명
*렌조 피아노 _13명
*미스 반 데어 로에, Bjarke Ingels Group _각 11명
*피터 아이젠만 _8명

*리차드 마이어 _7명
*다니엘 리베스킨트, 알바 알토 _각 6명
*노먼 포스터, 데이비드 치퍼필드, 마리오 보타, 산티아고 칼라트라바 _각 5명
*페터 춤토르 _4명
*벤 판베르컬, 스티븐 홀, 아이엠 페이, 헤르조그 앤 드뫼롱, MVRDV _각 3명
*도미니크 페로, 알레한드로 아라베나, 왕슈, 이토 토요, 쿠마 켄고, 쿱 힘멜블라우, 후지모토 소우 _각 2명
*다니구치 요시오, 리차드 로저스, 마르시오 코간, 발터 그로피우스, 시게루 반, 밀라드 에슈티야기, 아돌프 로스, 앙리 시리아니, 얀 에들러, 오스카 니마이어, 조나단 시걸, 존 헤이덕, 지오 폰티, 찰스 과쓰메이, 카를로 스카르파, 크리스토퍼 알렉산더, 톰 메인, 패트릭 블랑, 필립 스탁, 한스 샤로운, 헤르만 헤르쯔버거, 훈데르트바서, SOM _각 1명

저자 경험 최고의 건축물

*사그라다 파밀리아 성당 / 건축가: 안토니 가우디
: 인류가 도저히 만들 수 없는 공간, 공간이여!

*데시마 미술관 / 건축가: 니시자와 류에
: 미술관의 신기원, 신전을 느끼다!

*오큘러스 / 건축가: 산티아고 칼라트라바
: 형태의 신기함과 비현실적인 공간감!

*쥬얼 창이 / 건축가: 모쉐 사프디
: 인공 무한 판타지의 환상적 경험!

*프랑스 국립도서관 / 건축가: 도미니크 페로
: 지상과 지하의 도치 상상력!

| 선생님과 지하 |

"인생에 선생님이 계셨습니다."

무슨 이유인지 콕 집어 생각나지 않지만, 대학 3학년 때부터 대학원 공부를 꼭 하고 싶었다. 그래서 열심히 준비했고 다행히 석사과정에 합격하였다. 석사를 마치고 당연하다는 듯 건축설계사무소에 취업을 했는데, 서울 장충동에 있는 오택길 소장의 장[場]건축이었다. 나중에는 훨씬 많아졌지만 당시에는 열 명 남짓한 소위 아틀리에 사무소였다. 오소장은 모든 일에 정확하고 깔끔한 분이었다. 일을 정확하고 깔끔하게 하기 위해서는 계획과 준비를 확실하게 해야 한다. 그는 준비성이 철저했다. 등산광인 그를 따라 지리산을 처음으로 종주한 것은 평생 잊지 못할 추억이다. 오랜 세월이 흘렀지만 변화무쌍한 대자연에 대한 경외감의 기억이 아직도 강렬하게 남아있다.

일 년하고 몇 개월 후에 김병현 선생이 미국에서 합류하였다. 오소장의 대학 선배이자 매형인 김선생은 한 마디로 건축설계업계의 전설이었다. 한국에서 대학을 졸업하고 일하다가 미국 설계사무소에 스카우트되어 중역까지 올랐다는 이력은 물론 설계의 솜씨, 특히 A0 크기로 그리는 투시도 실력은 보는 이를 감탄과 매료에 빠트렸다. 마산 사나이인 김선생은 대학 산악반 출신인데, 언젠가 직원들과 함께 덕유산 정상을 올랐다. '이제 내려가 볼까요'를 신호로 그때부터 계속 뛰는데, 겨우 뒤쫓던 젊은 직원들 모두 혀가 세 치는 나왔다.

김선생의 합류로 장건축은 도약하였다. 우성건설이 고정 건축주가 되어 일들을 의뢰하였고 직원 또한 늘어나 사무소는 활력으로 넘쳤다. 그렇게 장건축에서의 이 년의 시간이 가까워진 어느 날 사무소로 한 통의 전화가 왔다. 대학 은사인 조창한 교수셨는데 박사 공부를 하라고 권유하는 것이었다. 솔직히 박사에 대한 생각은 막연하였는데 존경하는 분의 말씀이니 그때부터 고민에 들어갔다.

박사 공부를 하려면 사무소를 그만두고 공부에 전념해야 한다. 나는 서른에 접어들려 하고 있었고 이미 한 가정의 가장으로 딸이 두 살이었다. 혼자 결정할 수 있는 사안이 아니어서 아내와 상의를 했더니 고맙게도 아내는 흔쾌히 공부를 하라고 한다. 나는 나와 마주 앉아 묻고 또 물으며 최후의 질문에 다다랐다. '이십오 년 후에 김선생의 실력을 갖출 수 있을까, 혹 그렇게 된다더라도 삶이 행복할까.' 이 질문에 어느 하나도 도저히 '예'가 나오지 않았다. 그렇다면 남은 선택지는 공부밖에 없다. 박사로 가는 가장 큰 판단 기준이 김선생이었고 아이러니하게도 건축가 김병현으로 인하여 나는 건축설계 세계를 떠나는 결정을 하였다.

심우갑 교수께서는 나를 흔쾌히 제자로 받아주었다. 이 년 동안의 찐한 아틀리에 생활을 한 터라 학교는 약간 지루한 천국이었다. 그러나 그새 아들까지 태어났으니 계속 지루할 수도, 지루해서도 안되었다. 수업은 다 들어 과정은 마쳤는데 앞에는 바야흐로 박사학위 논문이라는 거대한 산이 버티고 있다. 그 생각에 여념 없던 날들을 보내던 중 삼우종합건축사사무소김창수 대표에서 지도교수께 프로젝트 의뢰가 들어왔다. 운명이라고 말할 수밖에 없는 지하공간과의 만남이 이렇게 시작되었다.

의리와 큰형의 마음이 가득한 삼우의 김창수 대표는 고려대학교 건축공학과 1기로 지도교수와는 학군사관ROTC 동기였다. 당시 삼성은 삼우의 최대 건축주였는데, 선대 회장의 뒤를 이은 이건희 회장이 소위 모든 것을 바꾸자는 신경영으로 새로운 바람을 일으키고 있었다. 삼성 비서실은 회장의 아이디어 두 개를 삼우에 전달했다. 하나는 보를 슬라브 위로 설치하는 역보 공법을 활성화하여 층고를 줄이자는 것과 다른 하나는 좁은 국토이니 지하공간 이용 방안을 강구하자는 것이었다. 따라서 삼우종합건축사사무소가 '지하공간 활용 연구'에 착수한 것은 이건희 회장의 아이디어 때문이었다.

박사논문 심사일 다가오면서 선배들이 선한 마음으로 조언을 주었다. 누구나 겪는 일이니 심사 과정에 심하게 깨지더라도 너무 낙담하지 말고, 심지어 한 학기 늦어질 각오도 하라는 것이었다. 나는 조언을 고마운 마음으로 받고 심사에 열심히 임했다. 그런데, 1차를 하고 2차가 지나가고 3차 심사가 끝났는데도 우려한 일은 일어나지 않았고, 최종적으로 심사위

원장의 '이강주 박사 축하해'가 선포되었다. 이는 오로지 수년간 해외를 다니며 연구했던 그 프로젝트 덕이었다.

지난 일들을 짚어보니 대강의 사정이 이러하다. 결국 내가 지하와 만나도록 이끈 선생님들은 '조창한-오택길-김병현-심우갑-이건희-김창수'로 정리될 수 있겠다. 물론, 본인들은 모르겠지만 말이다.

선생님, 감사합니다!

에필로그

| 사랑하는 건축에게 |

"공감은 아프기 마련입니다. 그러나 기쁨이 있는 기꺼운 아픔입니다."

인류역사상 자신의 존재를 적극적으로 드러내는 시기가 등장했다. 바로 문예부흥의 르네상스다. 전문직으로서의 건축가 또한 르네상스 시대 피렌체 두오모를 설계한 브루넬레스키 Filippo Brunelleschi, 1377~1446부터 시작된다. 모름지기 현대 사회에서 자타가 공인하는 전문직은 세 가지 조건을 충족해야 한다. 첫째가 '기율'이라고 부르는 체계적인 수련 과정이다. 학원에서 배우거나 유튜브를 통한 정보로 창업도 할 수 있다지만, 그러한 배움으로 건축사, 의사, 변호사는 결코 될 수 없다. 울타리 밖에서는 배울 수 없는 교육 과정을 반드시 거쳐야 이러한 전문직에 들어갈 수 있다. 다음은 배움을 마치고 자연스럽게 진입하는 고유의 '직업 세계'가 있어야 한다. 알다시피 건축에는 건축설계사무소, 건설회사로 대표되는 배타적인 직업 시장이 굳건히 형성되어 있다. 마지막으로 해당 전문직의 권리를 보호하고 지원하는 체계로서 '법제도'가 구비되어야 한다. 건축은 유서 깊은 건축법1962년 제정과 건축사법1963년 제정은 물론, 건축기본법2008년 제정 및 건축서비스산업진흥법2013년 제정 등을 계속 갖추어 나가고 있다.

1.

하루아침에 고국 대한민국이 국제통화기금IMF의 경제지배체제로 들어간 1997년 11월의 충격은 특히 각 분야의 오피니언 리더들에게 큰 트라우마를 안겼다. 건축계도 예외는 아니어서 '세계무역기구WTO'와 '관세 및 무역에 관한 일반 협정GATT'이라는 익숙지 않은 용어들이 정처 없이 떠다니며 무언가 불안한 분위기를 조성했고, 그에 따라 국제기준에 맞는 학제 개편 논의가 빠르게 진행되었다. 일본은 그대로 있는데 우리만 너무 서두른다고, 더구나 한쪽 방향으로만 가는 것 아니냐는 우려의 목소리는 그 용어들의 위세에 눌렸다.

이렇게 하여 지난 2002년, 서울대 등을 선두로 5년제 '건축학'과 4년제 '건축공학'의 교육이 분리되었다. 이는 건축 교육이 처음 시작된 1946년 이래 가장 큰 변화인데, 이로써 건축학은 국내 대학에서 유일하게 5년제 학제를 가지게 되었다. 창원대 건축학을 예로 들면, 주당 9시간씩의 건축설계 수업만 여덟 과목을 이수해야 졸업의 자격을 준다. 과거 내가 받았던 건축수업과는 비교도 되지 않는 엄청난 교육의 양과 질이다. 하여, 이렇게 힘든 과정을 거친 건축계 후배들이 행복하게 살기를 진심으로 바란다.

건축학인증은 5년제 건축학교육을 법적으로 인정해 주는 절차이다. 법은 인증받은 학과의 졸업생만 건축사 자격을 딸 수 있게 규정하고 있다. 즉, 건축학교육의 최대, 최고 목적이 건축사 양성이 된 것이다. 그것도 캔버라 어코드에 의하여 국제적으로 인정받는 건축사 말이다이것의 실효성은 여전히 오리무중이다. 그러나 현실은 취지와 너무 다르다고 한다. 많은 수고와 자원을 투입하여 어렵게 건축학인증을 받은 대학의 졸업생들이 대부분 건축사의 길로 가지 않는다는 것이다. 건축사가 되려는 학생들은 없는데 건축사를 길러내기 위해 혹독한 훈련을 시키고 있는 형국이니, 세상에 이런 모순이 없고 건축은 그 뿌리부터 흔들거린다.

이는 결국 건축을 건축설계로 축소하여 생겨난 문제가 아닐까. 물론 건축설계는 건축인 것이 확실하다. 그러나 마찬가지로 구조, 시공, 설비, 도시, 조경, 이론, 공무원, 개발, 금융, IT, 미디어, 나아가 건축주까지도 건축이다. 그렇게 금과옥조로 여기는 '건축 = 삶'이라는 경구가 맞다면 건축 아닌 분야는 없는 것 아닌가. 건축설계로 도저히 축소될 수도, 축소되어서도 안되는 것이 건축이다. 따라서 건축사 되는 일에 관심이 없는 후배들에게가 아니라 축소지향의 건축을 계속 만들어 온 선배들에게 혀를 찰 일이다.

2.

1981년 오십 명의 동기들과 건축학교에 입학하니 세 분의 전임교수가 맞이해 주었다. 졸업 때는 다섯 분이 되었지만 지금과 비교하면 턱없이 부족한 숫자이다. 5년제의 시행으로 건축학은 물론 건축공학 또한 교수의 숫자가 크게 늘었으니, 교수는 확실히 이 과정에서 가장 큰 혜택을 입은 집단이리라.

대학원 박사과정 때의 일이다. 해외 명문대학에서 갓 학위를 받고 임용된 교수의 설계 수업을 우연히 접하였다건축학교는 자주 복도에서 수업한다. 건축의 작은 부분일 뿐인 건물 형태와 입면을 대상으로 소위 학생을 깨는데, 깨지고 있는 학생이 건축과 이별하지는 않을까 염려될 정도였다. 교수가 되어 나 또한 비슷한 과오를 저질렀지만, 교수는 권위를 앞세워 건축을 함부로 강요하거나 재단하지 말아야 한다. 부족함으로 자신은 인식하지 못했던 부분들을 학생들이 도달하도록 열린 결말로 소통해야 한다. 돌아보면, 건축의 문화와 문명이 미개할수록 집착과 매몰의 시야가 심했다.

건축계에 있다 보니 여러 소식이 종종 바람에 실려 남쪽 끝까지 날라온다. 같은 책을 읽고 비슷한 목소리로 고뇌의 학자연하는 이미지를 만드는 것, 앞에서는 양의 탈을 쓰고 뒤로는 승냥이의 얼굴로 소위 업자를 등치는 것, 직원의 급여는 건너뛸지언정 유럽에서 고급 포도주를 까며 희희덕거림을 당연한 듯 떠벌리는 것, 동료가 준비한 국제 행사에 떼거리로 참석하여 놀부 짓 하는 것, 자기 세계에 빠져 다른 건축가들의 작품을 조롱거리로 폄훼하는 것, 심지어 촉망받는 후배 건축가를 남들 앞에서 뺨을 후려치는 것 등. 아, 건축계도 마침내 앙리 르페브르의 말대로 '새 리듬'이 꼭 나타나야 한다.

엉뚱한 생각을 해 보았다. 씨제이 1.999, 메리츠증권

1.801, 카카오 1.718, 에스케이텔레콤 1.554, 삼성전자 1.383, 크래프톤 1.252, 에스케이지오센트릭 1.228, 네이버 1.219 … 이상은 2021년의 해당 기업 정규직 직원의 평균연봉이란다[단위=억 원]. 그래서 말이다, 직원 평균연봉 1억이 넘는 건축설계사무소가 나와야 한다고 말이다. 소위 대형사무소는 규모와 조직의 특성상 기대하기 어려울 것 같다. 오히려 게릴라 정신으로 무장하고 창의성을 십분 발휘하는 작은 사무소가 더 가능성이 있지 않을까. 건축에 대한 사랑, 자본에 대한 배짱, 운영에 대한 전략을 갖춘 강소[强小] 사무소들이 나타나 기존의 판도를 바꾸고 새 리듬을 만들어 가기를 대망해 마지않는다.

·
·
·
·
·
·
·
·
·
·

3.

결국, 내가 하고 싶은 말은 이것이다.
'이름하여 모든 건축, 파이팅!'

| 참고문헌 |

강상훈(2012), 프랑스 파리 레 알(Les Halles) 재개발에 관한 연구: 도시공간의 '내부화'와 '지하화', 대한건축학회논문집 28권 3호

김현주(2008), '지하 캠퍼스 센터'의 특성과 계획방향에 관한 연구, 서울대학교 석사학위논문

박미예(2021), 도미니크 페로 건축에서 '아무것도 아님'의 의미에 관한 고찰, 대한건축학회논문집 제37권 2호

발터 벤야민 지음, 조형준 옮김(2005), 아케이드 프로젝트, 새물결 출판사

배시화(2011), 복합용도 캠퍼스 센터 만족도에 관한 연구, 대한건축학회논문집 제27권 11호

손현수(2006), 하루를 살아도 불꽃처럼, ㈜파코디자인

안성율(2021), 변경된 구조기준에 최적화된 건축기초 내진설계 매뉴얼, 에스와이텍

안토니오 네그리, 마이클 하트 지음, 조정환·정남형·서창현 옮김(2008), 다중, 세종서적

앙리 르페브르 지음, 정기헌 옮김(2013), 리듬분석, 갈무리

윤용상, 김정수(2017), 백양로 재창조 프로젝트 신축공사, 콘크리트학회지 제29권 1호

이승우(2017), 사랑의 생애, 위즈덤하우스

이와이 도시오 지음, 김숙 옮김(2010), 지하 100층짜리 집, 도서출판 북뱅크

정세랑(2021), 시선으로부터,, 문학동네

조병수(2017), 땅속의 집, 땅으로의 집, 공간서가

조정래(2014), 한강, ㈜해냄출판사

존 러스킨 지음, 김석희 옮김(2009), 나중에 온 이 사람에게도, 열린책들

차타니 마사히로, 나카자와 토시아키, 야시로 카츄히코 지음, 박희용·김종기 옮김(2006), 중국건축, 르네상스

켈리 최(2022), 웰씽킹, 다산북스

Lee, J.M.(2018), Hidden Cities: Reinventing the Non-space between Street and Subway, University of Pennsylvania

TenHoor, M.A.(2017), The Architecture of the Market: Food, Media and Biopolitics from Les Halles to Rungis, Princeton University

*저자의 지하공간 관련 출판물

01. 지하공간 활용연구(2), ㈜삼우종합건축사사무소, 1995.3

02. 지하공간의 용도 설정에 관한 연구, 대한건축학회논문집, 1995.5

03. 지하공간 개발을 위한 법제적 기초(1), 지하공간, 1995.10

04. 환경지각-인지적 차원을 고려한 상업용 지하공간의 건축계획에 관한 연구, 서울대학교 박사학위논문, 1996.2

05. 지하공간 활용연구(3), ㈜삼우종합건축사사무소, 1996.3

06. 지하공간 개발을 위한 법제적 기초(2), 지하공간, 1996.6

07. 지하공간건축, 시공문화사, 1997
08. 지하공간 개발을 위한 법제적 기초(3), 지하공간, 1997.2
09. 지하공간 활용연구(4), ㈜삼우종합건축사사무소, 1997.3
10. 지하공간, 건축문화, 1997
11. 환경지각-인지적 차원을 고려한 상업용 지하공간의 배치계획에 관한 연구, 대한건축학회논문집, 1997.5
12. Determination of suitable directions for the systematic development of underground space in Korea, 7th International Conference of the ACUUS, Montreal, 1997.9
13. 지하공간에 대한 디자인 고려 요소, 지하공간, 1997.11
14. 상업용 지하공간의 국내외 사례분석, 지하공간, 1997.11
15. 지하 상업공간 환경디자인 평가를 통한 개선 요소 분석에 관한 연구, 대한건축학회논문집, 1998.12
16. Making Seoul Identifiable: A New Architectural Paradigm for the 21st Century, the XX UIA Congress, Beijing, 1999.6
17. Environment-Behavior Design Framework for the Habitable Underground Space, the XX UIA Congress, Beijing, 1999.6
18. 21세기의 건축-국제건축가연맹 베이징대회와 건축의 미래, 플러스, 1999
19. 3차원 도시공간의 창조-21세기 뉴프론티어, 건설광장, 2000
20. 지하공간 레이아웃 및 공간형상 디자인, 건축, 2000.12
21. 지하공간의 배치 및 공간형상 디자인 연구, 건축, 2001.1
22. 지하공간 건축과 인간의 심리, 건축, 2001.6
23. 길찾기 행태를 고려한 상업용 지하공간의 Sign system 연구, 한국생활환경학회지, 2003.3

24. 서울의 미래를 읽는다, 서울시정개발연구원, 2004
25. 2차대전 이후 건축의 아메리카화, 건축, 2005.12
26. 지하공간 건축가이드라인 설정에 관한 연구, 대한건축학회논문집, 2006.4
27. 토론토 지하보행몰시스템 형성과정 및 요인: 1959-1990, 대한건축학회논문집, 2006.5
28. '강남 지하도시'의 오해, 한겨레신문, 2006.3.3
29. 도시 지하공간 조성의 새로운 이정표, 건축, 2006.6
30. 지하공공보도시설 내 지하도상가의 용도지침 설정, 대한건축학회논문집, 2007.5
31. 경남지역 지하공공보도시설의 시설현황 조사 분석, 대한건축학회논문집, 2008.2
32. 몬트리올 도시 지하공간 활용에 대한 분석적 고찰, 대한건축학회논문집, 2008.5
33. 경남지역 지하공공보도시설의 사용자 의식 실태조사 연구, 대한건축학회지회연합논문집, 2008.6
34. 지하공간 활용을 위한 법적 쟁점, 건설기술인, 2008.11/12
35. Examination of Underground Space Development Legislation in Korea, 12th International Conference of the ACUUS, Shenzhen, 2009.11
36. 대심도 지하공간 활용과 쟁점, 코스카저널, 2009.3
37. 지하공간개발 법제도의 현황과 쟁점, 국토, 2009.11
38. 제12회 도시지하공간연합연구센터 국제회의 참가기, 건축, 2010.1

39. Research of User Consciousness on Underground Public Pedestrian Facility, The International Symposium on Architectural Interchanges in Asia, Kitakyushu, 2010.11
40. 도시공공 지하공간의 시설현황 조사 분석, 대한건축학회논문집, 2011.11
41. 지하를 생각함, 건축, 2012.2
42. 지하도시연대기, 건축, 2012.2
43. 대구광역시 지하공공보도시설의 유니버설디자인 평가, 대한건축학회논문집, 2012.5
44. Urban Underground Space Development in Big Cities and Challenge of Korea, Underground City Forum 2012 Russia, 2012.6
45. 지하연결통로의 쟁점과 과제, 경남신문, 2012.8.7.
46. 이제는 지하도시다!, 자연, 터널 그리고 지하공간, 2012.8
47. Analysis of Underground Public Pedestrian Facilities in Busan Metropolitan City, 13th International Conference of the ACUUS, Singapore, 2012.11
48. Deep City, BUGAIK International Architecture Exhibition, 2012.12
49. Empirical Investigation and Comparative Analysis of Underground Public Pedestrian Facilities in Daegu Metropolitan City, ARCHITECTURAL RESEARCH, 2013.6
50. 지하공공보도시설 유니버설디자인에 대한 가이드라인 설정, 대한건축학회논문집, 2014.3

51. Framework Derivation for the Universal Design of Underground Public Pedestrian Facilities in Seoul, 14th International Conference of the ACUUS, Seoul, 2014.9
52. Jamsil Underground City, BUGAIK International Architecture Exhibition, 2014.11
53. 땅의 풍경, 건축, 2015.1
54. 미래형 Geo-City를 기획하며, 자연, 터널 그리고 지하공간, 2015.9
55. Heart of Korea, BUGAIK International Architecture Exhibition, 2015.10
56. 21세기 지오시티(Geo-City), 대한토목학회지, 2015.12
57. 사회적 지속성의 구축을 위한 공공 지하공간의 개발, 대한건축학회논문집, 2016.1
58. Jongno Underground, BUGAIK International Architecture Exhibition, 2016.11
59. 크로스레일 프로젝트에서 배운다, 자연, 터널 그리고 지하공간, 2018.9
60. SAPYEONG, BUGAIK International Architecture Exhibition, 2018.11
61. SINNONHYEON, BUGAIK International Architecture Exhibition, 2018.11
62. 광화문 광장의 중층성에 대한 연구, 대한건축학회연합논문집, 2018.12
63. 크로스레일 프로젝트에서 배운다(2), 자연, 터널 그리고 지하공간, 2019.3

64. 도시지하공간 개발기술에 대한 특허동향 분석, 대한건축학회논문집, 2019.6
65. 지하상업공간에서 천창의 효과에 관한 연구, 한국터널지하공간학회논문집, 2019.7
66. 터널과 건축이 만났을 때..., 자연, 터널 그리고 지하공간, 2020.3
67. 진주 대안동 지하공공보도시설의 리모델링 효과 분석, 대한건축학회논문집, 2021.4
68. 시설요소와 사용자 만족도 조사를 통한 창원 합성동 지하공공보도시설의 리모델링 효과 분석, 대한건축학회논문집, 2022.3

| 출처 |

본문에 인용된 저자의 출판물 ;

열린 도시의 리듬 만들기: 57,58 / 지하, 인간에게 오다: 41 / 도시 지하공간 개념 잡기: 07 / 지하공간의 지각과 인지: 04 / 지하 미학: 41 / 깊은 도시; Deep City: 48 / 새 출발점: 29 / 한국의 지하: 68 / 일본의 지하: 42 / 지하 캠퍼스: 07 / 도미니크 페로의 지하 건축: 53 / 토론토 지하 보행몰 시스템: 27,42 / 몬트리올 실내도시: 32,42 / 런던 크로스레일: 59,63 / 도시의 여백: 42,62 / 토론토대학교: 25 / 슬러리 쉴드 TBM: 46 / 강남 지하도시: 28 / 건축과 터널의 랑데부: 66

도시의 최전선

| 열린 도시 지하공간

초판 1쇄 인쇄 2022년 9월 24일

지은이 이강주
발행인 김기현

발행처 시공문화사
등 록 1993년 3월 12일
주 소 서울특별시 서대문구 독립문공원길 13 (극동프라자 5층)
전 화 02) 3147~1212, 2323
전 송 02) 3147~2626
http://www.spacetime.co.kr spacetime@korea.com

편 집 디자인·현
인 쇄 예림인쇄
제 본 (주)서정바인텍
용 지 (주)대림지업사

정가 18,000원
＊파본은 구입한 곳에서 교환해 드립니다.

ISBN 978-89-5592-460-2